有機農業を推進する堆肥づくりを市が請け負うため、2010年に誕生した「臼杵市土づくりセンター」

臼杵市が認証した「ほんまもん農産物」には、消費者にわかりやすいように“ほ”印シールが貼られます。栽培条件によって金の“ほ”と緑の“ほ” があります

開設当時のセンター内部。新品の熟成漕兼保管ヤード。ここで堆肥を3~5回切り返しながら約90日熟成させます。床には籾殻を敷き詰めたレーンがあり、下から空気を送り込んで堆肥の発酵を促しています

接ぎ木ではなく「自根《じこん》」でつくられた「ほんまもん農産物」のスイカ。甘くておいしい！

ゴーヤーの収穫風景。近年は無化学合成農薬・無化学肥料で野菜をつくる取り組みに賛同する若い生産者が増えています

農薬を使わない合鴨農法により、たわわに実った合鴨米の稲穂

「うすき夢堆肥」を土にすき込み、ニンニクを植え付けているところ

臼杵の美しい風景。自然な大地に包まれて、のびのびと育つ「ほんまもん農産物」のサトイモ

城下町の風情をいまに伝える町並みも、臼杵の魅力のひとつ。買い物かごを提げて颯爽と歩く、主人公の“ワタシ”

未来へつなぐ食のバトン

映画『100年ごはん』が伝える農業のいま

大林千茱萸　Obayashi Chigumi

★――ちくまプリマー新書

237

「はじめに」は、「はじめのはじまり」

子どもたちの給食を地元農産物でまかないたい。有機野菜に変えていこう。

そのためにまず「土」をつくろう――。

大分県臼杵《うすき》市が推進する有機農業の取り組みは、そのようにはじまりました。

「土をつくる?」。はじめて聞いたときは、野菜をつくるために土を整えるのは基本なのでは? と思っていました。詳しく話を聞くと「土づくりセンター」という、いままでの日本にはない堆肥工場を、市が建設するというのです。

通常、各地で生産される堆肥は、主に畜産糞尿《ふんにょう》主体の、産業廃棄物の副産物。でも臼杵市がつくるのは、子どもたちが給食で食べる野菜を育てるための、草木主体の完熟堆肥。目的と発想が違います。自然の力に注目し、健康な野菜のために健全な土をつくる。人を育てるために、土から育てる。それが臼杵市の壮大な取り組みなのです。

「この取り組みを記録する映画をつくってほしい」

そうお願いしてきたのは、このプロジェクトの発案者、臼杵市の前市長さんでした。

なぜ、私だったのでしょう。それには理由があります。

ひとつは、私の父が映画の監督であること。母親のお腹にいた頃から映画の撮影現場で暮らし、これまでに1万本をこえる映画を観て育ちました。やがてその知識を糧とし、映画宣伝のために文章を書くことを職業にし、映画業界の中で生きています。

もうひとつは、食に関わる活動をしていること。フランス料理とマナー教室を主宰しています。10代から宮内庁東宮御所大膳《だいぜん》課主厨・渡辺誠先生に師事し、料理とプロトコール（国際儀礼）を学んできました。渡辺先生は「天皇の料理番」として、皇室の台所をあずかってきた方です。

臼杵市とのご縁は1998年からになりますが、前市長は私の背景や仕事、その暮らしぶりを、長きにわたり見てきたことから抜擢してくれたのでした。

こうして、2010年、「臼杵市土づくりセンター」の開設を「はじめの一歩」として、臼杵市が取り組む有機農業の姿を描くドキュメンタリー映画『100年ごはん』をつくることになったのです。

この作品を世に送り出すために、4年間、臼杵の農業を撮り続けました。取材を重ねていくうちに撮影した映像も120時間を超え、臼杵市のプロジェクトの壮大さを実感しました。


「土づくりセンター」で生産された堆肥を使ってつくられるのは、無化学合成農薬・無化学肥料の野菜。「ほんまもん農産物」と名付けられ、現在販売されています。

市が推進する農業の取り組みではあるけれど、もしそれぞれ――市役所、教育委員会、給食センター、農協、有機JAS認定機関、加工業者、飲食業者、そして生産者、消費者――が、それぞれの〝立場〟にこだわって話をしていたら意見はまとまらず、対立もうまれたかもしれません。

しかし、臼杵では立場をこえて地域全体の取り組みになっているのです。お互いの組織同士が協力し合い、既存のルールを活かし、地域ぐるみでプロジェクトを応援している。これは簡単にできることではありません。100年単位の仕事のために、ひとつになっているのです。

この本を読むみなさんには、取り組みの情報や現状だけではなく、ページをめくるごとに聞こえる、さまざまな声に、耳を傾けてほしいとも思っています。それは、こんな体験に基づいています。


四季折々に移ろう田畑の姿を記録しようと、農作業をする生産者さんを撮影していたある日のこと。おもむろに畑からニンジンを引っこ抜き、土を落として、その方がひょいっと私にくれました。なにげなく口にして、その想像以上の甘みの深さと香りの強さに思わず、「おいしい！」と畑で笑いだしてしまったのです。

おおげさでもなんでもなく、まさにそれはからだで感じた衝撃。全身の小さな細胞のひとつひとつがぶわっと泡立つような体験だったのです。

「農薬や化学肥料を使っていないから」とか「健康にいいから」と、頭で考えるよりもずっと早く「おいしい！」とからだが反応したのです。

そのときふと、人が「おいしい」と判断する基準ってなんだろうと考えました。

こんなこともありました。

急に降り出した雨に撮影を中止し、ロケバスに避難したときのこと。降りはじめは強烈だった雨が、少し弱い降りになり、小雨になり、やがて止む。雨にはいろんな種類があることを感じていました。たとえば「恵みの雨」を表す言葉。

恵雨《けいう》、喜雨《きう》、慈雨《じう》、瑞雨《ずいう》――。

すべて穀物の生長を促すうれしい雨のことです。

自然はこんなにも表情豊かに、私たちの暮らしを包んでいる。

私たちはその自然に寄り添い、恵みをいただいている。

「食と農」は切り離せない。そこが原点。

野菜であれば、名産地でとれたものだから。

料理であれば、有名シェフがつくったから。

大切なのはそういう情報じゃない。本来もっと身近で根元的なもの。自然に学び、対話を重ねながら、現代の知恵を加えていく。

「食べることは、生きること」。そう、食は、未来へつなぐ命のバトン!!

映画監督であり、暮らしの中ではいち消費者である私が、農業に取り組む人々の姿を映画にすることで学んだ、たくさんのことが、この本に書かれています。

完成した映画を上映するにあたり、映画館での上映にとらわれず、カフェや美容室、ときには神社やお寺でもスクリーンを広げました。

映画を観るだけではなく、「観て＋食べて＋語り合う」を基本に、視覚・聴覚・味覚・嗅覚《きゅうかく》・触覚と、「五感」を通して映画を伝える上映会のスタイルをとりました。

その活動は口コミで広がり、去年一年間で全国70か所で上映されました。


この本でお伝えしていくのは、臼杵市の取り組みに加えて、映画の上映をしながら、その旅の道中で気づいたこと、学んだことです。

そもそも「有機野菜」ってなんだろう？

完熟堆肥はどうやってつくられるの？

なぜ野菜にとって土は大切なの？

「知らなかったことを知る」ということから広がっていく、面白さです。

「はじめの一歩は、100歩分！」

これは、映画の中に登場する言葉です。映画を観た人たちの間で、合い言葉のようになっています。

まずは「知ること」が「はじめの一歩」。

最初の一歩を踏み出すことが、生きていくための大きなステップになるのです。

この本を手にとって下さったことが、あなたの「はじめの一歩」であってほしい。

新たなるページを開くごとに、次の歩みを踏み出すきっかけになればうれしい。

さぁ、「はじめの、はじまり」。

ヨーイ、スタート！

●映画『100年ごはん』について

「新しいけれど、昔から大切なこと。健全な魂は、健康な食べ物から。健康な食べ物は、健全な土から」

無化学合成農薬・無化学肥料の野菜づくりを推進する大分県《おおいたけん》臼杵市《うすきし》は、2010年に、草木《そうもく》8割、豚糞《とんぷん》2割を主原料とした完熟堆肥を製造する「臼杵市土づくりセンター」を開設。慣行農業から有機農業に転換する生産者や、あたらしく農業をはじめる市民が現れる。しかしマーケットの現状は、消費者は――。

将来的には子どもたちの給食を臼杵の野菜でまかないたい――全国でもはじめての試みに試行錯誤しながらも、臼杵市と市民たちが前へ向かってゆく姿を通し、現代の「食」にとって何が本当に大切かを考える。

上映会は全国各地で開催。上映情報、問い合わせは、公式ウェブサイトへ。

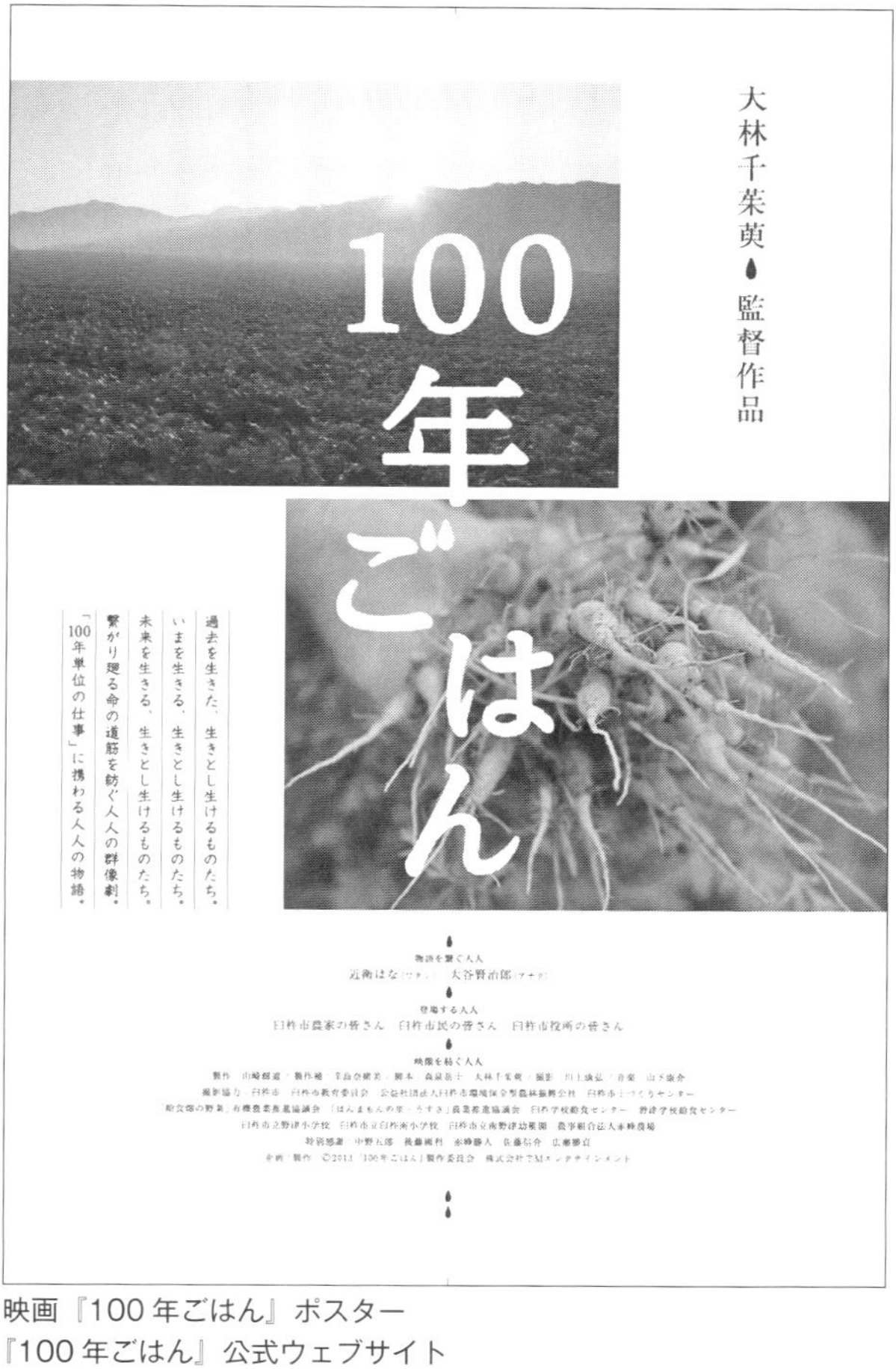

映画『100年ごはん』ポスター
『100年ごはん』公式ウェブサイト
http://100nengohan.com/

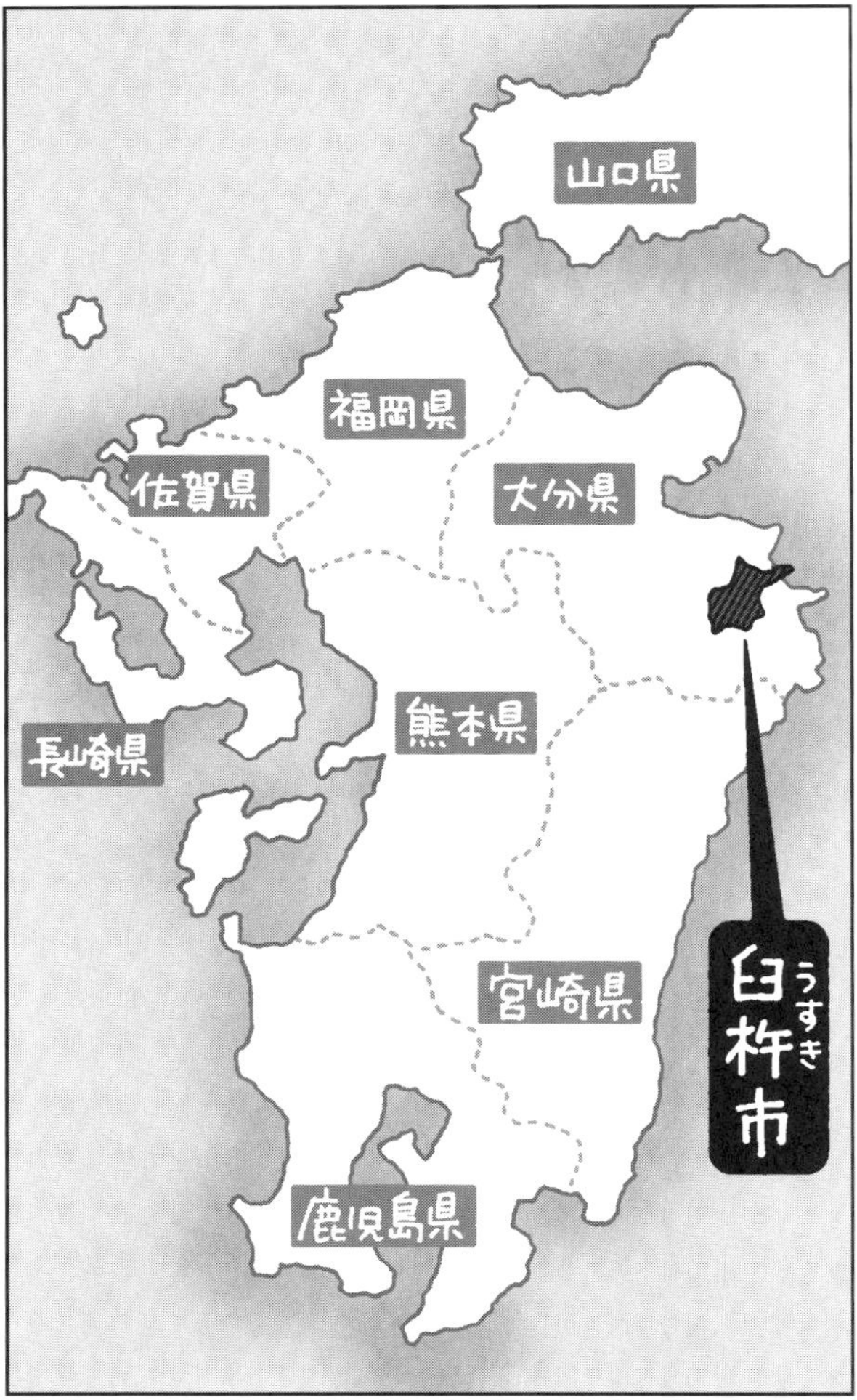
山口県
福岡県
佐賀県
大分県
長崎県
熊本県
宮崎県
鹿児島県
臼杵市《うすき》

目次 ＊ Contents

編集協力・大沼聡子
イラスト・たむらかずみ

第1章

給食の野菜を有機野菜に！

「きれいだなぁ！　美しいでしょう？　これは臼杵《うすき》の風景。ずーっと昔から変わらない姿もありますし、もちろん変わったところも、これから変わりゆく風景もあることでしょう。ここに暮らす私たちの意識のあり方次第で、つくられる風景もあるということです」

――『100年ごはん』〝ワタシ〟の言葉より

映画の舞台、臼杵との出合い

映画『100年ごはん』の舞台となった大分県《おおいたけん》臼杵市《うすきし》がどんなところなのか、先にお話ししておきたいと思います。

大分というと、〝地獄めぐり〟など、ドキッとするようなネーミングがたのしい温泉地の別府《べっぷ》や、由布院《ゆふいん》がよく知られています。臼杵市は、別府から車で約1時間ほどの距離にある大分県の東南部。国宝の臼杵石仏がありますが、けっして有名な観光地ではありません（むしろ観光地になることを、あえて避けてきた市でもあります。そのいきさつはとても面白いので、のちほど語ろうと思います）。

大分県の人口は117万人ほどであるのに対し、臼杵は4万人ほどの小さな市です。海に面している旧臼杵市は醸造業や造船業など二次産業が発達してきました。一方、2005年に合併した旧野津町《のつまち》は、昔から一等農地の多い農業の町です。

その昔は、キリシタン大名として知られる大友宗麟《おおともそうりん》が築城した臼杵城の城下町として栄えました。江戸時代初期の古い絵図にある町割りが、現在もそのまま残っているのも町の特徴です。

趣のある風景は、この映画にもたくさん登場しています。当時のまま残されている商家や武家屋敷、神社仏閣など、名所旧跡におおげさな看板や柵《さく》などを立てず、さりげなくあることがとても美しく、町を歩いているだけで歴史と上手に付き合うことができます。古い建物の多くは壊さず活かし、カフェや飲食店にもなっているので、休憩しながら「昔の人もこの風景を眺めていたのかしら」と、想いを馳《は》せてみるのも豊かなひときになることでしょう。

初めて臼杵を訪れたのは、1998年のこと。きっかけは、第51回「全国植樹祭」でした。総合演出を、父である映画作家の大林宣彦《のぶひこ》が手がけることになり、その開催場所が大分県だったのです（映画監督は映画だけではなく、時にさまざまな演出の依頼を受けます）。

当時の大分といえば、県知事が提唱した「一村一品運動」がよく知られていました。

各市町村がそれぞれひとつの特産品を育てることにより、地域を活性化していこうという取り組みです。大分は当時から豊かな食に恵まれていましたが、一村一品運動がそのことを全国に知らしめたといってもいいでしょう。

いまではすっかり大分の特産品としてのイメージが定着したシイタケ、カボスといった農産物、関《せき》あじ、関さば、豊後《ぶんご》牛など、その土地ならではの〝ブランド食材〟と呼ばれる生産物は、この運動が成功して定着したものです。

そこで、植樹祭の演出のテーマを決めるために個性豊かな大分県を学ぼうと、父やスタッフと共に、私も県内各地を取材して巡ることになり、臼杵市を訪れたのです。

臼杵は食の宝庫

カボスは、臼杵では特に盛んに栽培されている果樹で、昔から民家の庭先に植栽されてきたという歴史があります。言い伝えによると、江戸時代に宗源《そうげん》という医師がいて、彼が京都から持ち帰った苗木を植えたのがはじまりなのだそうです。緑色のカボスが一般的ですが、臼杵では完熟して黄色になったカボスも使います。酸味の角が取れて、まろやかでとてもおいしい。地元の方がお味噌《みそ》汁に搾って入れていたので驚いたのですが、試してみたら味噌の甘みと相性がいい。お魚に搾るだけではなく、おいしく食べようと、それこそ知恵も絞られているのですね。

お魚といえば、豊後水道に面しているため、海の幸にも恵まれています。臼杵にはフグを食べる文化があり、たくさんのフグ料理屋が軒を連ねています。高級魚ではありますが、食べれば納得。どの魚とも異なる食感、かみしめるほど甘みが口に広がります。

そんな食の宝庫である臼杵には、独自の郷土料理もたくさん伝えられています。

筆頭は、刺身におからをまぶした「きらすまめし」。

臼杵の方言で「きらす」は「おから」、「まめし」は「まぶす」という意味。江戸時代、天保《てんぽう》の大飢饉《だいききん》のあとに、臼杵藩でも徹底的な倹約がおこなわれ、そのときに考案された料理です。魚の中落ちや、刺身にして余った切れ端に、おからをまぶして食したのが始まりなのだとか。倹約のための料理と聞くと貧しいイメージがありますが、決してそうじゃない。魚は関さばや関あじに代表されるように青魚が多いので、白いおからの中から次々と現れる光り輝く魚の姿は、ちょっとした宝箱のようです。豊かな食文化のなかで生まれた料理だからこそ、後世まで廃れることなく残っているのです。

「黄飯《おうはん》」を初めていただいたときのことは、忘れられません。

クチナシで色づけして炊いた黄色いご飯で、お祝いやおもてなしのときにつくられてきた郷土料理です。「かやく」と呼ばれるけんちん汁のような汁ものと一緒に味わいます。大友宗麟が南蛮《なんばん》貿易を通じ、パエリアをまねて考案したという説も伝えられています。

東洋では、黄色は高貴な色。その昔、天皇家ではクチナシでご飯を炊いたという話を、私の料理の師から聞いたことがあります。思い返せば、臼杵の食文化の豊かさに触れた最初が、この料理だったのです。

臼杵だけでなく、大分県にはこうした個性豊かな郷土料理がたくさんあります。

その理由は、当時盛んだった百姓一揆《いっき》を起こせないようにするため。当主は食を含め隣の地域の民が何を食べているのかわからないほど文化を分断、農民同士が結託しないようにしたそうです。その結果、地域ごとの食文化が独自に発達したといいます。食を支配するとは知恵者です。

給食に有機野菜を！

歴史を振り返ってみても「食べること」に工夫を凝らし、知恵を絞ってきた臼杵の人々が、有機農業に目を向けるきっかけは、とても身近なことからでした。

子どもたちの「給食」です。

「学校給食に使う野菜を、臼杵市の地元農産物でまかなえないか。さらには、有機野菜に変えていけないだろうか」

子どもを健やかに育てることは、大人の責任である――そう考える人々が自然に現れ、動いたのです。

「有機農業」や「有機野菜」という言葉が出てきましたが、それがどういったものなの

倹約の発想から生まれた、臼杵の郷土料理「きらすまめし」

ハレの日にいただく「黄飯《おうはん》」。右の「かやく」と呼ばれる汁ものと一緒に味わいます

か、いまひとつわからないという人も多いことでしょう。

国は「有機農業の推進に関する法律」を、次のように定めています（第二条）。

「この法律において『有機農業』とは、化学的に合成された肥料及び農薬を使用しないこと並びに遺伝子組換え技術を利用しないことを基本として、農業生産に由来する環境への負荷をできる限り低減した農業生産の方法を用いて行われる農業をいう」

初めて聞いた人には、ちょっと理解しにくいかもしれません。

遺伝子組み換えは、生物の細胞から有用な性質を持つ遺伝子を取り出し、植物などの細胞の遺伝子に組み込み、虫や厳しい天候への耐性といった、新しい性質をもたせる技術です。現状では、日本で栽培されているものはありませんが、安全性や自然への影響など、さまざまな点が疑問視されています。

化学合成農薬は、虫と一緒に、畑にとって有用な微生物まで殺してしまうことがあります。化学肥料は、畑が栄養過多になることが問題になっています。

こうした近代農法を見直し、農作物を育てることが「有機農業」。その有機農業で育てられた野菜が「有機野菜」です。

有機農業を進めることはすなわち、忘れられてしまった昔ながらの本来の農業を取り戻すこと。化学技術を多用して作物をコントロールするのではなく、より自然に近い形で、元気な農作物を作ろうとすることです。

さて、臼杵市の農家数は2110戸です（平成26年度調べ）。農業に従事している人の数は、市の人口の5％弱と、決して多くありません。

多くの農家さんの野菜づくりは、国が定めた基準に従って、農薬や化学肥料の力も借りる一般的な農業で作物をつくっています。これを「慣行《かんこう》農業」といいます。

慣行農業をおこなっている生産者さんも、自分の家で食べる野菜は、たとえ虫に食われたとしても、農薬を散布せずに育てることが多いのが実情です。土のバランスが偏っていると、農薬をかけなければアンモニア臭などに引き寄せられて虫がやってきます。虫食い野菜の見た目を嫌う消費者はまだまだ多いですし、収穫量も安定しません。

それでも、家族が――子どもたちや孫たちが食べる野菜は、できるだけ農薬や化学肥料に頼らず育てたい。

これが、農家の自然な本音なのでしょう。

「それならば、学校給食の野菜も、農家が自分たちが食べるためにつくっているような野菜にしていこうではないか」

子どもたちに安心して野菜を食べさせたい。

そう考える生産者さんたちが出てきたのです。

やがて人々の思いが実を結び、市の農林振興課が、生産者と給食センターの橋渡しをすることになりました。2000年から、「給食畑の野菜」という名前で、地元の野菜を給食に取り入れる試みがスタートし、2008年からは無化学合成農薬・無化学肥料の野菜を導入しはじめました。

基準を満たしている野菜には、「給食畑の野菜」専用のシールを貼《は》って、安心・安全なおいしさを伝えるために、一般消費者にも売り出し始めました。

臼杵市が官民揃《そろ》って有機農業を推進していく大きなきっかけになったのです。

学校給食の現状とは

私が給食を食べていた子どものころ、1970年代のことを振り返ってみると、配膳《はいぜん》されたものを何も意識せずに口に運んでいたなと思い出しました。大切なのは「みんなが平等であること」と教えられました。栄養は偏らないように。冬でも南から夏の野菜が届き、夏でも北から冬の野菜が届く。

戦後しばらくは、食べられるだけでありがたい時代でもあり、こうした給食に子どもの成長が支えられていたことでしょう。高度経済成長期、東京オリンピックの年に生まれた私の世代の特徴は、全員横並びで、平等に同じ量が配膳され、残すことは許されませんでした。給食の時間に最後まで食べきれなかった子が、昼休みになっても泣きながら食べ続けていた……なんていう話も、よくあることでした。

そういった時代から一転、少子化も進んでいることもあって、給食はずいぶん変わりました。からだの大きさも、成長のスピードも、それぞれ個々によって違いますから、食べられる量を盛って食べるということが、それぞれの個性として認められる学校も増えてきました。

なぜ横並びに同じでなければいけないのか。子どものころから疑問に思ってきた私にとっては、「ここまで給食が変わるのに、40年かかった」という印象です。

ただ、いまの現状はやや極端なのではないかと感じることもあります。それぞれの個性だからといって、嫌いなものは食べなくていいのか。もうすこし間をとって、柔軟に教育を進めていける方法はないものだろうかと思わざるを得ません。

食とは、そんな単純に割り切れるものでしょうか？

嫌いだ、口に合わないと思っていた食材でも、調理法や体調、年齢を重ねると共に味覚も変わります。新しい美味しさを発見する可能性を、学校側が封印してしまうのは、とても残念なことだと思うのです。

とはいえ、給食における食材はいまだに、「平等」であることが重視されています。

「給食畑の野菜」も、安定供給できるかどうかと聞かれれば、天候など自然条件に大きく左右されるため、難しい。児童数が多い都市では特に、そのことがネックになり、給食には使えないという話を聞きます。

また、給食センターにおいては、同じ規格の揃った野菜でないと、調理の機械でカットできないということも大問題なのです。

機械任せにしない給食づくり

臼杵市には「臼杵学校給食センター」と「野津学校給食センター」のふたつの給食センターがあり、毎日3600食ほどをつくっています。給食の時間に遅れずに届けるために、現場は大忙しです。

「今日は煮込み時間が足りなかった」なんてことは許されないのですから、調理スタッフは「ヨーイ、ドン！」で作業開始。毎日が運動会のようです。

取材で給食センターを訪れたときに興味深かったのが、大きさが不揃いの「給食畑の野菜」をどうやって調理しているのかということでした。大きいジャガイモもあれば、小粒のものもあります。ニンジンだって、同じ長さではありません。

ではどうしていたかというと、機械ができないことは、人の手でやっていたのです。たくさんの調理員さんがものすごいスピードで手際よく野菜の下処理をして、任せられる部分は機械に任せる。もちろん、すべてを機械任せにできれば手間は省けるかもしれません。でも、労を惜しまない調理員さんたちの、作業のひとつひとつから、手をかけてでも「給食畑の野菜」を使いたいという強い思いが感じられました。

じつは食材の発注にも苦労がつきまといます。給食センターは、JAと市の農林振興課に連絡し、欲しい野菜を農家のみなさんに伝えて、各農家の栽培スケジュールなどを調整します。

天候のせいで注文していた「給食畑の野菜」が入らないときは、発注を見直さなければなりません。たとえば、「Aさんのニンジンがとれないので B さんにお願いして、Cさんはジャガイモを増やしてください」なんていうやりとりが、かなりの頻度《ひんど》であるわけです。

市内の小中学校分、約 3000 食を担う「臼杵市給食センター」

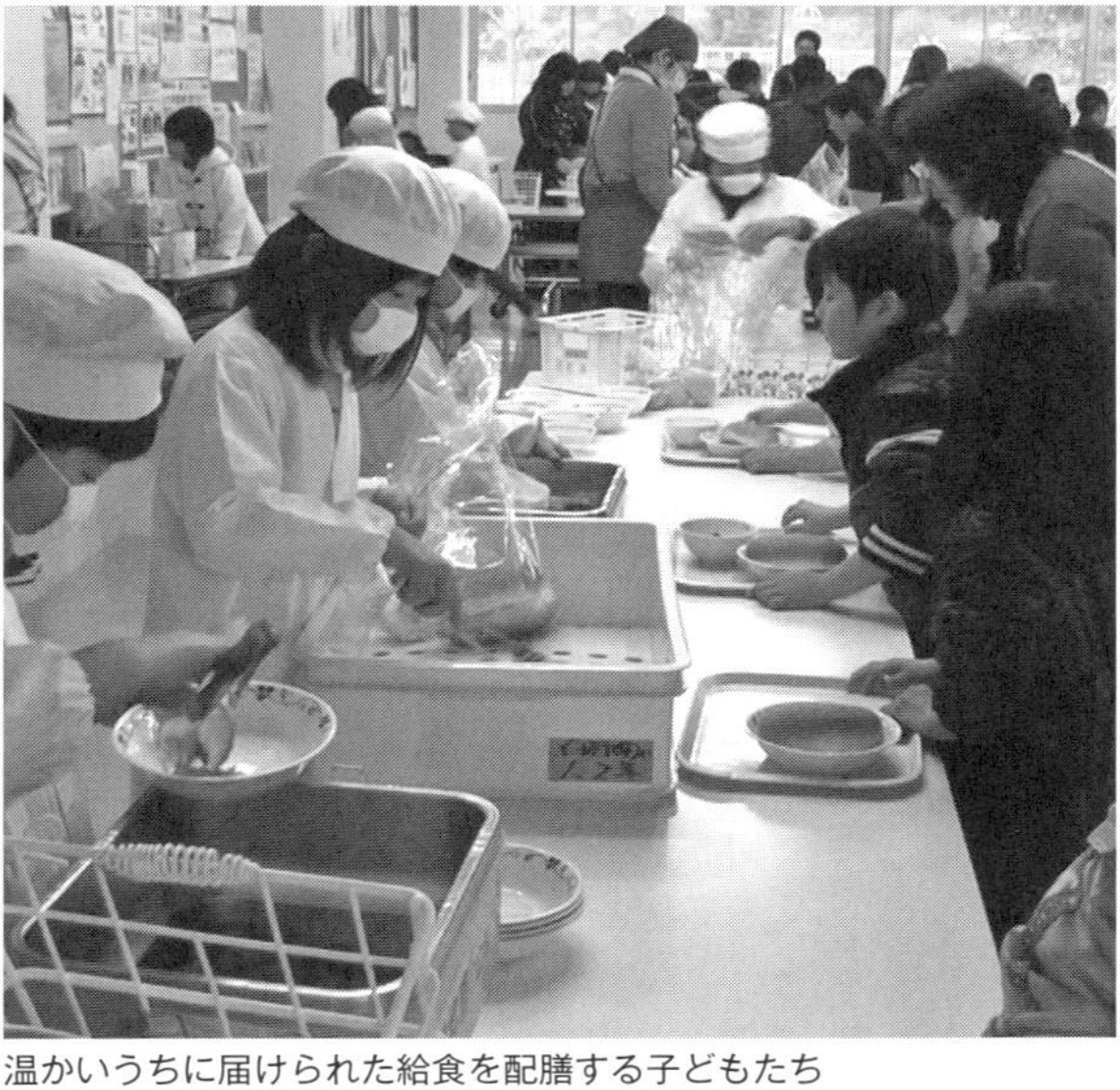

温かいうちに届けられた給食を配膳する子どもたち

いまは子どもたちにとって、それがいかに大変なことか実感としてわからないかもしれません。けれどきっと大人になってから、自分がいかに豊かな給食を食べていたかに気づいたとき、感謝する心が芽生えると共に、古里《ふるさと》を誇りに思うことでしょう。いま知らなくても、いずれわかるという体験が未来を育てるのだと思います。

この取り組みがスタートしてからしばらくは試行錯誤の連続。撮影中の2013年、給食で使われる野菜の1割をまかなうのがやっとでした。当初の目標は2016年までに3割に増やすこと。それが映画の公開などから取り組みが市民に広まり、支援者も増え続けています。

無化学合成農薬・無化学肥料で野菜を育てることが、子どもたちを健やかに育てていくという意味を持っていること。それは、臼杵の人々が有機農業を進めていく上でのやりがいのひとつであり、大きなモチベーションになっています。

第2章

健康な食べ物は健全な土から

「新しいけれど、昔から大切なこと。健全な魂は、健康な食べ物から。健康な食べ物は、健全な土から。そう、新しい試みとは、土づくり。ほら、人間の身体は〝食べたもの〟でできているでしょう？　だから〝食べること〟は〝生きること〟。私たちの命を支えているもの。元気な作物を食べて暮らしたい。それはみんなの願いです」

――『100年ごはん』〝ワタシ〟の言葉より

観光地化されなかった臼杵

さて――ここで、少しだけ時間を遡《さかのぼ》ります。

植樹祭のご縁で1998年からはじまった臼杵《うすき》市とのお付き合いも、早10年が経とうとしていた頃の話です。その10年の間にご縁もぐっと深まり、父である大林宣彦《のぶひこ》は『なごり雪』（2002年作品）、『22才の別れ Lycoris 葉見ず花見ず物語』（2007年作品）という2本の映画を臼杵で監督。私もスタッフとして臼杵に滞在しました。そのおかげで、いまでも臼杵に行くと、みなさんが「おかえりなさい」とあたたかく迎えてくださいます。

ではなぜ、ひとつの町で2本の映画がつくられたのか。そのいきさつをお話しします。

映画は、撮影の前に、たくさんの準備を必要とします。中でもロケハン（ロケーション・ハンティング）という、実際に撮影する場所を決める下見は重要です。そのロケハンのときに、のちに大きな影響を与える出逢《あ》いがありました。

当時の臼杵市長、後藤國利《くにとし》さんです。

後藤さんは、日本中の各地域が「町おこし」に沸き、観光客の誘致のために古き良き町並みに柵《さく》をつくったり看板を立てたり、自然を切り崩し観光バスのために駐車場をつくったりと、過剰に町並みを整備することに余念がなかった当時、「それは町おこしではない、町こわしだ」、そしてご自分は市長として「町のこし」をするのだと言い切りました。

具体的には、どこに行っても同じものが買えるようなブランド店やチェーン店の誘致をしないなど、細かいことを挙げればたくさんありますが、後藤さんは、観光のために新しく町を変えることはしませんでした。

別の視点で見れば、お金儲《もう》けの風潮に乗らないわけですから、そのことでおそらく「損した」と、思う人も多かったことでしょう。それもまた心理です。

けれどどうでしょう?

その答えは、いま臼杵を訪れるとよくわかります。守られた町並みはどことも似ていないオリジナル、臼杵固有のもの。旅する者が「観」たいのは、その町特有の佇《たたず》まいや文化などの「光」です。それが本来の「観光」なのではないでしょうか。

唯一無二の光が編み込まれた町、それが臼杵の魅力です。

大林宣彦と、大林映画を支えるプロデューサーの母、大林恭子《きょうこ》と私は、その後藤さんの確固たる思想に賛同。改めて臼杵という町に惚《ほ》れ込み、2本の映画をつくるご縁に恵まれました。

けれどその頃はもちろん、臼杵の農業が大きく変わろうとしていることなど、知るよしもありませんでした。

ましてや臼杵映画の3本目を、私が監督することになるとは――。

市が堆肥工場をつくる

そして2009年。いよいよその年、電話がかかってくるわけです。任期を終えられ一市民となった臼杵市の前市長、後藤國利さんから。それはあまりにも唐突な、こんな会話から始まりました。

「いま品川駅にいるんです。これから会えませんか」

大分からわざわざ上京されたことも、突然の連絡にも驚きましたが、何か事情があるのだろうと察し、待ち合わせをした喫茶店へ出かけました。

「おひさしぶりです」と久々の再会を喜んだのもつかの間。後藤さんは待ちきれないように口を開きました。

「千葉萸《ちぐみ》さん、これから臼杵ですごいことが起きるんですよ！　それを、映像で記録してもらえませんか」

これから臼杵で起きる取り組み——それは、子供たちに地場産のたしかな野菜を食べさせたいというシンプルな思いを、市が本気で実現しようとするものでした。

そのために、予算を投じて「堆肥工場をつくる」というのです。

2005年に臼杵市は、隣接する野津《のつ》町と合併しました。昔から農業の盛んな野津町には、早くから無化学合成農薬・無化学肥料の農業を実践してきた、赤峰勝人《あかみねかつと》さんという方がいました。

林業家でもあり、自然がどのようにして成り立っているかを、誰《だれ》よりもよく知っている後藤さん。在任時代に赤峰さんと出会い、彼が実践する農業の本来あるべき姿に感銘を受けたのだという話をしてくださいました。

臼杵がめざすべき農業にとって、まずやらなければいけないのは「土」を育てること。有機農業を推進するためには、その根幹となる「堆肥」をつくらなければいけないという結論に至ったということを、語ってくれたのです。

「まもなく堆肥工場が着工します。どこの自治体もできなかった、農業の壮大な取り組みを、臼杵市がやるんです。だから、それを記録してもらえませんか」

後藤さんは真剣な眼差しで続けました。

「もしこの取り組みが成功すれば――大分県の小さな市が有機農業の取り組みを大きなものにしていくことができれば、きっと多くのマスコミが注目するでしょう。でも、彼らは〝事件〟が起こってからしか、取材には来ない。だから、いまから私たちがこの取り組みをどんなふうに進めていくのかを、撮っておいてほしい。それをいずれは、映画にしたいんです」

「映画を撮ってくれませんか」

後藤さんの熱弁はその後も3時間ほど続きました。注文した紅茶もすっかり冷たくなり、ひと通り聞いたあとで、こう思ったのです。後藤さんが市長だった時代に、父は2本の映画を臼杵で撮りました。だから、うちの父に撮って欲しいんだろう。私が父の作品で、キャスティングや音楽のプロデュース、メイキングの撮影などの役割を担っていることもよくご存じです。

そこで私は、後藤さんに言ったのです。

「このお話、すばらしいと思いました。今日初めてうかがったことばかりで、十分に理解しきれているかどうかわかりませんが、うちの監督に伝えますね」

すると、後藤さんの顔は、まるで心外だと言わんばかりの表情に変わり、一段と声を大きくして、こう言ったのです。

「いえいえ、違うんですよ！　この映画は、千茱萸さん、あなたに撮ってほしいんだ」

突然の申し出は、まさに青天《せいてん》の霹靂《へきれき》。予想もしなかったラブコールに、ある思いが駆けめぐりました。

父の監督デビュー作『HOUSE／ハウス』（1977年作品）で、私が原案者として名を連ねたのが11歳のとき。子どものころから、父親の映画づくりを手伝ってきました。演出、音楽、美術、脚本。あらゆる仕事に関わってきましたが、監督になることだけは、あえて避けてきたといってもいいかもしれません。映画業界のいいところも悪いところも、十分すぎるほどよく知っています。父の背中を見てきて、一本の映画をつくりあげるには、さらに作品を観客に届けるまでには、想像を絶する道のりを越えなければならないことも、身にしみてよくわかっていたからです。

同時に、十代のはじめに出会ったすばらしい料理の師匠、昭和天皇の料理番であられた渡辺誠氏に学び、人に教える仕事もしてきました。数年前に大病を患い、一年間徹底して外食をせず、食と向き合い、学び直しました。後藤さんは、そのこともよくご存じでした。


戸惑う私に、こんな言葉が続けられました。

「あなたのお父さんは〝嘘《うそ》から出た真《まこと》〟を撮るのが巧《うま》い人です。『さびしんぼう』とか『時をかける少女』とか、ファンタジーの中に真実を描き出した作品は、本当にすばらしい。でも、これから臼杵で始まることは、ファンタジーにされては困るんです。〝真から出た真〟を描いてほしい。それに、何よりもあなたには、真実を見抜く力がある。だから、私は千茱萸さんに映画を撮ってほしいとお願いしているんです」

後藤さんの言葉には力がありました。

とはいえ、映画を監督するということは、甘い気持ちでできることではありません。そもそも監督ひとりいたところで、映画はできません。

臼杵と私が暮らす東京では、距離も離れています。予算やスケジュールの組立はもちろんですが、なにより信頼するスタッフを集める必要があります。台風などで私が急に駆け付けられないときに、信頼して撮影を任せられるスタッフです。そして監督はそれらすべての責任を担う立場にならなければなりません。

しかも、これから記録していくドキュメンタリーとなれば、どんな映画になるかの未来図もない。父に相談しようか——そんな考えも一瞬頭をよぎったものの、甘えてる場

合じゃないとすぐに打ち消し、

「考える時間をいただけませんか」

そうお願いをして、その日は後藤さんと別れました。

尊敬する人が、自分に会うためだけに東京まできてくださった――。

赤字だった市の財政を3年で黒字に立て直した実績を持つ、伝説の市長だった方。林業家として森を愛し、農業もなんとかしたいと考えていらっしゃる。未来を見通す力のある人が、自分に賭《か》けてくれている。きちんとその想いと向き合わなくては。

「お引き受けします」

気持ちを決めて、後藤さんにお返事をするまでに、一週間かかりました。

堆肥をつくる、つまり土をつくるということ。

その話を聞いたとき、直感的に「国の土＝国土をつくることなんだ」と思いました。

国の土をつくることは、国が健康になることなんじゃないか。

そして、臼杵でやっていることを、映画というかたちで外の人々にも伝えていくことで、その輪が次々に広がっていくんじゃないか。それが私の役割なのではないか……。そのときはまだ漠然としていたけれど、そう遠くない未来を想い、覚悟を決め、映画づくりの第一歩を踏み出したのです。

「百姓塾」で学んだこと

映画を撮る前に、まず私がやったこと。それは、臼杵のめざす農業を体験し、理解することでした。

2010年5月、畑を耕した経験などまったくなかった私が、有機農業の先駆者である、赤峰勝人さんが主宰する「百姓塾」に飛び込んだのです。

赤峰さんは、2005年に臼杵市と合併した野津町で、半世紀にわたって農家を営んできた方。若いころは最先端の近代農法を学び、当時の農家としてはかなりの成功をおさめたそうです。ところが、そのような体験を経て、本当にいい野菜を育てるために大切なことは何かを突き詰めるうちに、農薬や化学肥料を使わない農業に行き着いたのだといいます。そんな赤峰さんが自ら畑を耕し続け、築き上げてきた農法を広く伝える活動が「百姓塾」でした。

3日間ほどかけておこなわれる塾には、30人ほどが集まっていました。大分県内や九州の人だけでなく、北海道、青森、茨城《いばらき》、静岡、京都、兵庫……全国各地からいろいろな方がきていることにも驚きました。しかも、そのうちの半分は、前回も参加しているリピーターの方です。

すでに農業を営んでいる人、農業をはじめたばかりの人、弟子になりたいという人。「百姓塾」をきっかけに農業をやりたいと思っている人。

自給自足を将来の夢にしている人、都会から田舎《いなか》へ引っ越して野菜づくりをしたい人。

他人としゃべるのが苦手だから、畑をやりたいという人や、赤峰さんの講演を聞いて実際に畑を見てみたいという人もいました。

農大や農業高校で学んだ人や、いままさに在学中だという若者たちは、目を輝かせながら学んでいました。彼らは、農業に夢を持っていたものの、学校に入って教わることといえば、生産量の拡大に目を向けた近代農法ばかり。やりたいことを見失い、農業への道を閉ざしかけていたときに「百姓塾」にたどりついたといいます。

すでに農業に従事している人は、「農薬や化学肥料を使わない農法がやりたくても、ノウハウがないから、すぐにはできなくて……」と打ち明けてくれました。実践している人で、受け入れてくれるところを必死に探して、ここを見つけたのだそうです。

塾では、みんなと一緒に食事をつくって食べ、赤峰さんの講義を聴きます。畑では、トマト、キュウリ、スイカ、サツマイモ、カボチャといった野菜畑を見学し、植え付け、堆肥の切り返しなど実践的な勉強。その合間には、合気道の達人である赤峰さんから道場で受け身を習ったり、短い休憩時間には赤峰さんが得意のハーモニカを吹いたりする場面も。とにもかくにも朝6時から夜10時ごろまで、みっちりと講義と実践。農を真剣に学ぶみなさんの熱意に打たれながら、実際はついていくのにやっと。まさに頭の中が脳みそならぬ「農みそ」でパンパン。あっという間に過ぎていった毎日。

映画を撮ると覚悟を決め、初めて臼杵の畑に立って農作業に挑んだ日に思いを馳せると、真っ先に思い出すのは、ナスをもいだ瞬間のことです。

「野菜って、こんなに匂《にお》いがするものだっけ……」

もいだばかりのナスの、みずみずしい茎の断面から揮発したのでしょうか。ぱあっと広がった青く、力強い匂いに驚いたのです。葉っぱをちぎってみれば、また同じナスの匂いがする。野菜はこんなにも、野菜らしい香りを持っているのだ。

ほかにもたくさんの学びがありました。

畑にやってくる虫は害虫ではなく、必要な役割を果たしてくれているということ。

本来の旬の季節に収穫できるように農作物を植えれば、虫に食い荒らされることはない。違う季節に収穫しようとするから、土壌のバランスが崩れ、虫たちが異常を感じて、食い荒らすのだということ。

逆に先人たちの培ってきた経験を生かせば、何番目の芽を摘むかで、野菜の実が大きく育つかどうかが変わるということ。

ダイコンを抜くときは左回しに抜くと、根も実も傷まずに抜ける。逆だと根が絡み合ってしまうということ。

いちばん驚いたのはスイカのこと。毎年夏になると普通に食べている、世に流通しているスイカのほとんどが、じつはカンピョウやカボチャの根を利用した接《つ》ぎ木であったこと。スイカは本来7〜8年かけて土の中の窒素、リン酸、カリウムのバランスやミネラルを整えてから、やっと実がなるということ。接ぎ木ではなく本来の根で育つ作物を「自根《じこん》〜」、自根スイカや自根キュウリが本来の姿だということ。

野菜のつくり方を知っていても、食べ方を知らない生産者が多いこと。

消費者の方はといえば、有機野菜は「虫食いのあとがあれば安心・安全」と極端に思い込んでいるのではないか？

せっかく無農薬・無化学肥料の野菜を買っても、習慣からなのか、調味料に頼って味付けして食卓に並べてはいないだろうか……。


目から鱗《うろこ》をぽろぽろと落としながらも、終始一貫して、思い知らされたのは、土が果たす役割がいかに大きいかということでした。

赤峰勝人さんの「百姓塾」の様子。講義を受けたあとは、畑に出て実作業しながら学びました。右が赤峰さん、左が私

全国から「百姓塾」に集まった、30人ほどの受講生たち

赤峰さんは「百姓塾」の参加者に向けて、こう話したのです。

「みんな、土から上の部分ばっかりに目がいくでしょう。でも、大切なのは土なんです。土の下には根っこが生えている。そこがしっかりしていないと、絶対に立派な作物は育ちません。これは、人間にも通じることです」

そう、人間も同じなのです。

赤峰さんのこの言葉で、後藤さんが話していた「臼杵が有機の里をめざすために、堆肥をつくる」ということが何を意味するのか、ようやくわかってきたのです。

なぜ「土」が大切なのか

「百姓塾」に参加して、これまでの私は、野菜の「食べる部分」しか見ていなかったことを思い知らされました。野菜が畑で育つ姿を見れば、私たちが食べるのは、植物の一部分なのだと実感させられます。

どんな野菜にも根があります。土に根を張りめぐらせ、ビタミン、ミネラルといった栄養を全部土から吸収する。だから、命ある野菜を育てるためには、土が豊かであることは、何よりも大切。単純に思えることが、じつはいちばん重要だったのです。

生きている土にはたくさんの虫や微生物がいて、枯れた草木《くさき》や虫の死骸、糞《ふん》などを分解します。ひと坪の土の中には10キログラムほどの生き物が暮らしているそうです。10キログラムと聞いてもなかなか想像しにくいかもしれませんね。

『100年ごはん』には、観ている方にわかりやすいように、身近な10キログラムの米袋に置き換えて表現しています。想像してみてください。ひと坪はだいたい2畳くらいですから、ものすごい量です。これだけの命が土の中にいるからこそ、野菜が育つのです。

また、土はすごい力を持っています。

農業に詳しくなくても「ペンペン草」なら、誰でも知っているでしょう。正式には「ナズナ」という草です。人々からは雑草扱いされて、引っこ抜かれてしまう草です。しかし本来はミネラルの足りない土地に生えてくる役割のある草。また、「スギナ」が生えてくる土地は、カルシウムが不足している。つまり、ナズナもスギナも、自ら土に足りない栄養を補おうとしているのです。

ナズナやスギナは、種ができるまで放置し、そのあと畑にすきこみます。そうすれば、土に足りない栄養を補うことができるのだそうです。雑草が土のバランスを整えるだなんて。なんと自然は良くできているのでしょうか。

土を良くするために、虫や草がある。

害虫とか雑草とか、人間は勝手に呼んでいるけれど、彼らにはそこに存在する意味がちゃんとある。自然界に無駄な命はないのです。

「臼杵市土づくりセンター」の先駆的な堆肥

臼杵市の堆肥工場「臼杵市土づくりセンター」。

ここでつくる「完熟堆肥」の主原料は、主に山の剪定《せんてい》枝や間伐材、収穫しても出荷できなかった野菜なども含む草木《そうもく》です。

料理のように、堆肥にもレシピがあると聞いたとき、なるほど、と感心しました。

「おいしい農産物をつくる土」のレシピは、主原料となる草木が8割、そこに2割の豚《とん》

センター内で何度も切り返しをして完熟させている堆肥

糞《ぷん》を加えて、約6か月の発酵期間を経て完成します。

6か月と聞くと、ずいぶん長くかかると思う人もいるかもしれません。ところが、手づくりで堆肥をつくると、完熟させるには2年から3年の発酵期間がかかるのだそうです。この期間の長さと労力は、生産者にとって大変な負担です。センターでは、大型の設備で、原料である草木や竹をあらかじめ細かく繊維状になるまで砕くことで、この発酵期間を大幅に短縮することができました。

この「完熟させる」ということが、堆肥づくりの非常に重要なポイントでもあります。完熟していないと、アンモニア臭がするため、そのにおいに吸い寄せられて虫が集まってくるのだそうです。

現在、国が進めているのは、畜産糞尿廃棄物の有効利用を模索した結果の堆肥づくりが主ですが、この「土づくりセンター」でつくろうとしているのは、元気な野菜をつくるための堆肥。はじまりの発想が違います。臼杵市が農林水産省に確認したところ、これほど先駆的なセンターは、日本初の施設だそうです。畑の微生物が元気に活動し、野菜づくりに最適な環境をつくるための堆肥。これがあれば、有機農業を大きく推進することができるのです。

いまにも建設がはじまろうとしているその場所を初めて訪れたのは、「百姓塾」で徹底的にしごかれたあとのことでした。

目の前に広がっていたのは、約4588平方メートルの広々とした敷地。すでに地鎮祭や基礎工事は終わっていて、「早く撮ってよ」といわんばかりに私を待ち受けていました。小高い丘を切り開いたその場所は、周辺はサトイモ畑やサツマイモ畑などに囲まれていて、のんびりしたところです。

「健康な食べ物は健全な土からできるのだな……」

「百姓塾」で学んだことと、この堆肥工場でやろうとしていることを、印象的な映像に工夫して、観る人に伝えたい。そんな熱意に突き動かされていたかもしれません。

そのときふと、完成した映像が頭に思い浮かびました。

「同じポジションで定点観測して、土づくりセンターができるまでを撮っておこう」

建物ができていく過程は、その一瞬一瞬の姿が、一期一会《いちごいちえ》です。

屋根がついてしまったら、外から俯瞰《ふかん》して中を観ることは、もう二度とできません。

入念に撮影する場所を確認し、カメラを据える三脚のポジションを決めたら、カメラマンに「同じポジション」で「建物が完成するまで」、天気が変わってもいいので、数秒ずつ定期的に撮影するよう頼みました。

告白すると、映画監督はすごく貧乏性です。

あとでどんな料理でもつくれるように、素材はあるだけ欲しい。映像がダイナミックに見えるようなクレーンの動き、工事の人々が忙しく動き回る様子、ヘルメットをかぶった後ろ姿。あるいは流れてゆく雲、風にゆらめく木々、飛び立つ鳥たち。一見土づくりセンターと無関係なようですが、映像を紡いでゆくとき、センターを取り巻く自然の姿は、大いなる説得力を持ち、観客の心に感情の起伏となって忍び込んでくるのです。

脳内に映像のラフを描きながら、これからの農業のあり方に大きく影響を与える、堆肥工場ができるという高揚感を表現したいと思いました。ここでつくられたふかふかの土、育った野菜、口にした子どもたちはどんな表情を見せてくれるかな——。

これから映画づくりがはじまる。

これからいったい、ここに何度通うことになるのだろう。

臼杵の大地を踏みしめ、私の心も高揚した瞬間でした。

「昔ながらの農業」を取り戻すために

2010年8月14日。

この日は、私にとっても感慨深い日になりました。

「土づくりセンター」が無事に完成し、開設記念式典がおこなわれたのです。

何もなかった場所に少しずつ建物ができていく。その様子を撮影し続けてきて、多くの人々の期待を背負っているという重みを感じ、胸に迫るものがありました。

「臼杵市では食の安心、安全が問われる時代に無農薬、無化学肥料の野菜づくりを推進し、忘れられてしまった昔ながらの本来の農業、有機栽培で農作物を生産することを模索してきました。ここでつくられる完熟堆肥が、古くて新しい日本の農業のかけはしとなることを期待しています」

現臼杵市長・中野五郎さんの力強い言葉とともに、「臼杵市土づくりセンター」の幕が開きました。

プライベートでは農業と文学を愛する中野さん。

後藤さんからしっかりとバトンを受け継ぎました。

おさらいになりますが、原料は草木が8割、豚糞が2割。これが、いい堆肥をつくるための、材料の黄金比率です。これらはただ混ぜればいいわけではなく、伐採された草木を粉砕機で細かく繊維状に砕くのがポイント。こうすることで、発酵期間を縮めることができます。

「臼杵土づくりセンター」ができあがっていく様子。同じポジションから撮影し続けることが、これから変わりゆく臼杵を印象づける演出のひとつになりました

そのあとは約30日間、「一次発酵槽」で材料をしっかり攪拌《かくはん》して空気を混ぜ、微生物を活発に働かせることで、発酵を促します。次の「二次発酵槽」では約2か月、土を切り返してさらに発酵を促します。おいしいぬか漬けを作るみたいに愛情を込めて、何回も何回も切り返すことで、完熟させることができます。ちなみに発酵した堆肥は、発熱してほっかほか！　土が生きていて元気な証《あかし》です。最終的に「熟成槽」で3か月かけて、しっかり完熟状態にさせます。都合、約半年で出荷できます。

初めての堆肥が完成したのは、準備期間も含めると、「臼杵市土づくりセンター」開設式から約8か月後のことです。手に取ってみると、ちょっとびっくりするほどふかふかで、とてもいいにおい。これまでの堆肥のイメージを一新する香りと感触でした。

市が堆肥の名前を募集したところ、市民から141通の案が寄せられました。

うすき夢堆肥ができるまで

おいしく元気な農作物を育てる、
ミネラル豊富な完熟堆肥「うすき夢堆肥」。
この堆肥を市が製造することで、
「有機の里」づくりを推進しています。
堆肥は約6か月間の行程を経て完成します。

草木類を細かく砕く

↓

草木類(8割)、豚糞(2割)の比率で混ぜる

↓

微生物の働きで脱臭する

↓

一次発酵槽で材料を攪拌し、
空気を混ぜ、発酵を促進する
約30日間

↓

二次発酵槽で3回切り返し、
移送する
約60日間

↓

熟成槽兼製品保管ヤードで
3〜5回切り返し、移送する
約90日間

↓

完熟堆肥の完成(出荷し、農地へ散布する)

その中から選ばれたのが、臼杵東中学校一年生（当時）の佐藤菜々子さんが考案した

「うすき夢堆肥」です。

臼杵の夢をのせて、この堆肥はどんな風に成長していくのでしょうか。

はじめの、はじまり、です。

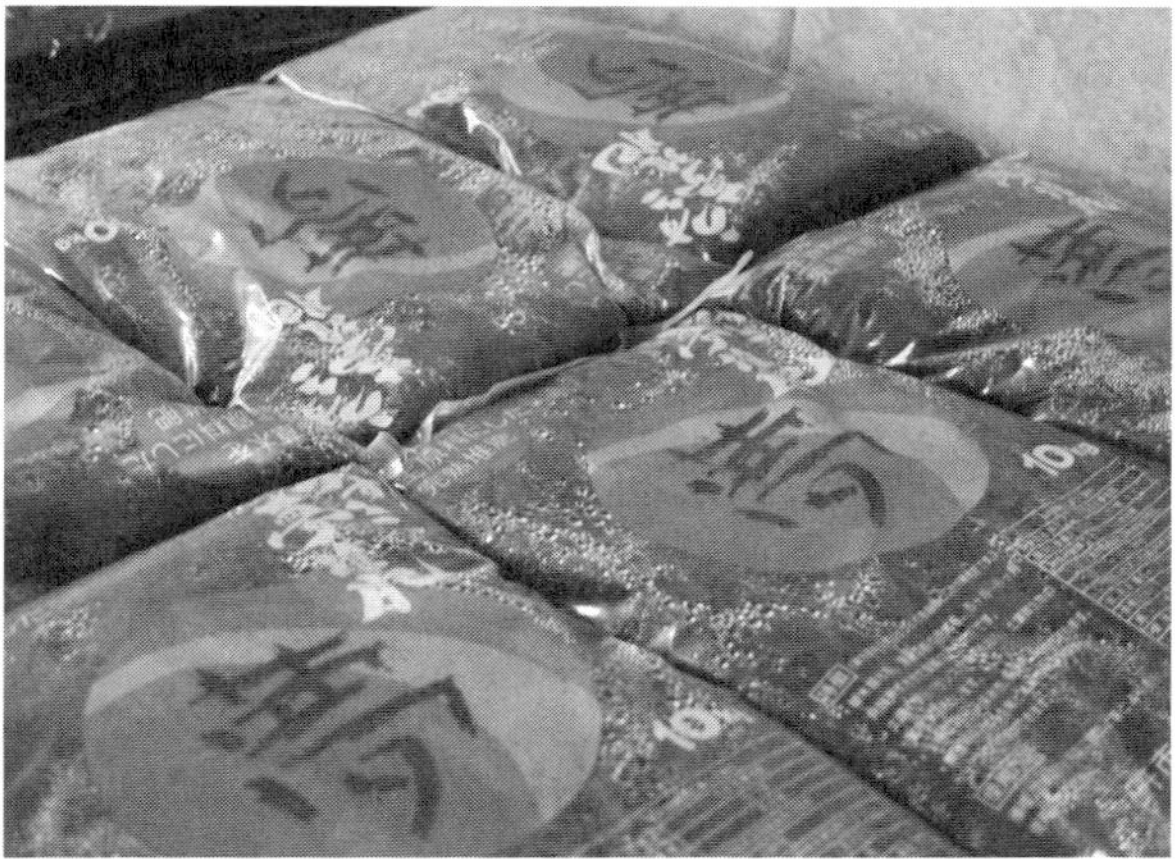

6か月かけてつくられた「うすき夢堆肥」。長く使い続けることで、土の質がよくなります

第3章

農業をとりまく人々を撮り続けた4年間

「〝はじめ〟の一歩を踏み出さなければ〝はじまり〟ませんよね。臼杵《うすき》市の取り組みは10年後、20年後……？　いいえ、100年先のことを見据えて計画されています。ずいぶん未来の話のようですけど、私の子どもの、その子どもの時代だから、じつはそう遠くない時代の話なんですよね。ちゃんと地続き。つながっている話」

――『100年ごはん』〝ワタシ〟の言葉より

田畑の風景を追いかけて

『100年ごはん』を撮るために、数え切れないほど臼杵と東京を往復し、4年という歳月を費やしました。

撮影した映像は120時間。編集に使える映像がその時間ですから、実際にはもっとたくさんの時間を、撮影したことになります。それを65分の映画にしたのです。

そんなにたくさん撮影したのに、たったの「65分」？

素朴に疑問に思う方も多いでしょう。でも、その短さも、じつは「演出のひとつ」。ちゃんと理由があるのです。それは後ほど。

撮影は春夏秋冬、季節ごとに変わる田畑の風景を追いかけました。一本の映画を作るために4年というと、長く感じるかもしれません。けれど考えてみてください。一年に一度しか収穫できない野菜の撮影は、たった4回しかできない計算です。10年かけても10回しかつくれない。そう思うと、農業というのは、かなりチャレンジな仕事だと思いました。それはきっと、気が遠くなるほどの試行錯誤だったのだろうなとも。

「明日か明後日あたりで、ピーマンがとれそうですよ」

「じゃあ、そのころにまたお邪魔します！」

生産者さんと畑を撮影するために、直接連絡をして農作物の状況を聞き、アポイントを取る。ひたすらそのくり返しでした。

それでいざ行ってみると、思うように実が生長していなかったり、朝から雨が降って延期……なんていうこともしょっちゅう。

もちろん、自然が相手の仕事とあって、天候に左右されることは重々わかっていたつもりですが、農作物を記録することの、そのタイミングの難しさに、こちらも試行錯誤の4年間でした。

幸運なことに、今回撮影をお願いした川上康弘《やすひろ》さんは福岡を拠点に活動している方で、これまでにも、たくさんのコマーシャルや、自然の姿をアーカイブする映像の撮影に定評のあるカメラマンでした。特筆すべきは、自分でも野菜をつくっているという、なんとも『100年ごはん』にぴったりな、希有《けう》なファーマーカメラマンでした。私の欲しい映像をしっかりつかんでくれていて、

「監督、そろそろ収穫のいい絵が撮れそうですよ」

とこまめに撮影風景をチェックし、報告してくれました。

撮られる側である臼杵の生産者さんたちも、農家目線のカメラマンということで、川上さんを信用してくれて、リラックスした表情を映し撮ることができました。

映画を撮る上でこれはとても大切なこと。最近は畑の入り方ひとつ知らないカメラマンが多く、たいていはそれで畑を荒らしてしまい、「二度と来るな！」ということになってしまいます。その点、川上カメラマンには大いに助けられました。

畑の撮影ができなかった日も、とくに休むということはなく、生産者以外に、NPOなど関連団体の人、加工に携わる人、消費者など、臼杵の取り組みをとりまく人々を追いかけ、撮影と取材を重ねていきました。

ドキュメンタリーをどう撮るか

ドキュメンタリーの撮影というのは、作家によってさまざまなスタイルがあります。ドキュメンタリーだから演出は必要ないでしょう？　と思われるかもしれません。たしかに脚本に書かれた台詞《せりふ》を喋《しゃべ》り、カメラの前で演技する俳優さんはいません。それだけに、「誰《だれ》を撮り」「何を撮り」「どう編集するか」――。「作家の視点＝演出（意図）」となるわけです。

定番の手法としては、まず取材対象者を決める。これは言動や行動が派手な人が好ましい。怒ったり泣いたり笑ったりしてくれると、感情の波がつくれるのでわかりやすい。見ている方も起承転結があって感情移入しやすい。

取材対象者が画面に向かってずっと話し続けるというのも、そこにテロップ（字幕）がかぶるのも、よくあるスタイル。

あるいは撮影中に起きた事件、天変地異を組み込む。そこまでおおげさではないとしても、生産者が収穫しようと思ったら台風が来て作物が全滅して気持ちが落ち込むとか、出産などおめでたいドラマを編み込むとか。
あるいは「それはダメ、これは危険です。これはイイです、こうして下さい。これは正解、あれは間違い。こっちが正義で、あっちが悪」と、はっきりと言い切ることで観客を導き、啓蒙《けいもう》する。なにしろ映画に登場するのは実在の人物ですから、説得力があります。ドキュメンタリーがもっとも得意とするところで、すばらしい作品がたくさんあります。

これまでの人生で観てきた映画の数は1万本を超えていますが、私はドキュメンタリー畑で育っていないということもあり、なんとかして違う形でこの映画をつくれないものか、それはいったい何であるかと、常に頭の片隅で考えながら撮影に臨みました。

どういうものかというと――。
撮影するのは、農作業風景や農作物が育つ姿、生産者たちの日々の活動など、目の前で起きる「特別ではない」日常の現象が中心。農家さんたちが作業の中で自然に口をついて出てきた言葉は極力拾う。

意識したのは、取材として話を聞くときはできるだけカメラをまわさないことでした。みなさんの人生の中に急に見知らぬ映画監督が現れて、カメラに向かっておもむろに話を聞かせてくださいだなんて、人様の畑で作物を勝手に引っこ抜くようなことをしたくなかったのです。人と人が歩み寄るには時間が必要。わからないからといって自分に都合の良いように解釈せず、知ったかぶりをせず、あとで聞き返すようにしたのです。

もうひとつ、撮影させていただいた方は全員、『100年ごはん』に登場しています。たとえ1秒でも、全員です。たったひとり、「声だけ」の出演をお願いした女の子には、タイトルに名前を出して目に見える形にしました。みなさんが生活しているところにお邪魔して、人生の貴重なひとときを映画のためにお借りするわけですから、それが、カメラをまわす上での私なりの仁義であり、礼儀でした。そしてそういうことの積み重ねが作品の栄養になり、映画の力にもなっていくのです。

この作品は、誰か特定の人の主義主張におもねるものではないというのが、監督としての演出意図でした。「その人だけの物語（人生）」ではじまり終わることを避けることで、作品に普遍性を保《も》たせたいと考えたからです。

まず臼杵の取り組みという市全体の〝現象〟という縦糸があって、さまざまな人々がそれぞれの置かれた立場でその現象と向き合う姿を捕らえ、それを横糸として編んでゆく。

そして織り上がったときに、具体的には個性豊かな色に編まれているのに、それぞれの色がぶつかって喧嘩《けんか》せずに、美しいグラデーションになっている。そのためにも、誰かに肩入れするのではなく、なるべく現象を俯瞰《ふかん》で見詰め、心をニュートラルに保ち、フラットでいようと務めました。

生産者の思いを束ねて

さて、2007年にはまだ十数戸だった臼杵の有機農業者は、映画が完成する2013年までになんと60戸まで増えました。「臼杵市土づくりセンター」ができ、「うすき夢堆肥」の生産がスタートしたことで、さらに大きく前進したのです。

ただ堆肥をつくるだけでは、ここまでの前進はありませんでした。生産者さんたちはもともとベテラン。野菜づくりのノウハウはすでに持っているわけですから、あとは市がどれだけバックアップできるか。そこで無化学合成農薬、無化学肥料の野菜づくりを積極的におこなってもらおうと、汗水を流した人がいました。

プロジェクトの中心となったのは、臼杵市長の中野五郎さん。そして、現場の生産者さんたちと市とのかけはしとなるべく、現在も奔走しているのが、映画にも登場する有機農業推進室の室長（当時）、佐藤一彦《かずひこ》さんです。

佐藤さんは「この人に聞けばなんでもわかる」というくらい、現場のことを最もよく把握している方で、クールに見えて「食べる人のことを考えた農業」への熱い思いを秘めている人。ありとあらゆるところに出向き、有機農業の普及のために活動しています。撮影中はどこにいっても必ず佐藤さんがいるので、はじめのころは、臼杵には似た人がたくさんいるんだなあと思うほどでした。

プロジェクトの種を芽吹かせ、育てるのも、農業と同じように地道な根気が必要です。

臼杵を「有機の里」にする政策を推し進める、中野五郎市長。

生産者と行政の橋渡し役を担ってきた、有機農業推進室の佐藤一彦さん（写真左）。「うすき夢堆肥」の普及にも努めています

佐藤さんは、市がつくった堆肥でおいしい野菜をつくってもらおうと、生産者さんたちと密にコミュニケーションをとっています。

そんな佐藤さんを通じて、たくさんの生産者さんや、臼杵の農業をとりまく人々に出逢《あ》うことができました。

「臼杵を〝有機の里〟にしたい」という人々の志の大きさを感じる一方で、実際はそれがいかに大変なことか——畑を訪れ、話を聞き、また畑に足を運ぶという長きにわたる取材の過程で、さまざまな人々の思いと苦労を思い知ることになるのです。

大雨で流されてゆく堆肥

三嶋弘子さんは、野菜を育てて15年。給食用の食材を中心に育てていて、出荷量としてはあまり多くありませんが、基本的には無化学合成農薬・無化学肥料で野菜を栽培している生産者さんです。

娘の聡子《さとこ》さんは、地元の南野津《みなみのつ》幼稚園で先生をしています。聡子さんが受け持ってい

飼育小屋から出勤する合鴨たちと、三嶋さん

三嶋和夫さんの田んぼで元気に泳ぐ合鴨。草や虫を食べてくれます

る園の子どもたちは、三嶋さんが育てた野菜を使った給食を食べています。普通なら、子どもたちはピーマンやニンジンが嫌いな野菜の代表格なのに、「おいしい！」と言って食べてくれるのが、うれしくてたまらないと教えてくれました。

ご主人の和生《かずお》さんは、無化学合成農薬・無化学肥料で「合鴨《あいがも》農法」という自然にやさしい農法でお米を育てています。一日の始まりは、鴨たちへの「おはよう！」から。農薬を使用する代わりに水田に合鴨を放し、草を食べてもらったり、虫を退治してもらうのです。

その様子は映画の中にも登場していますが、ちょっと凝った映像でした。こだわったのは「鴨目線」。空《から》の水槽の中にカメラを入れて田んぼに沈めて、ガガガガッと稲に迫って撮影してもらったのです。まるで鴨が観ているかのような演出として、カメラの周りには草を入れました。そうしたら、合鴨が水槽越しに草を食べようとしてつついてしまったのは想定外！　プロの俳優さん顔負けの、リアルな演技（？）でした。そんな映像としての面白さも、工夫のひとつであり、映画のお楽しみ部分です。

三嶋さんの畑で、ある日、衝撃的な光景を目にすることがありました。

その日はピーマンやトマトがとれるということでしたが、折しも台風が近付き大雨に。すると、先日土にすき込んだばかりの堆肥が、すごい勢いで流されているではありませんか。それはもう、目を覆いたくなるほど、どうどうと流れていくのです。

堆肥はふわふわしていて軽いので、雨には弱いのだそう。流されてしまったら、また一からやり直しです。

ある程度まで苗が育てば、根がしっかり張るので流されることもないそうですが、これればかりはお天気次第。農家さんたちはみんな、自分の経験の積み重ねから堆肥の入れどきを判断し、たとえ流されても流されても、めげない。本当に根気良く野菜を育てているのだと感じました。

農業は頭脳労働

ズッキーニがどうやって育つのか、知っている人はあまりいないのではないでしょうか。

藤嶋祐美《ふじしまひろみ》さんが花粉を手に持ち、ひとつひとつ授粉してまわる様子を見たときは、びっくりしました。そうしないと、あの青々しく立派なズッキーニの実は育たない。なんという細やかな手作業なのでしょうか。朝露の中で撮影した映像も美しく、ずっと見ていたくなるくらいでした。

こんなに手間がかかっているのに、一本100円程度で買えてしまうなんて。このシーンを見るたびに、なんだか申し訳ない気持ちになったことを思い出します。

藤嶋さんは、早い時期から有機農業に取り組んでいて、現在は「ほんまもん農産物推進協議会」の代表としてリーダーシップを発揮し、臼杵の有機農家さんたちの中心的な役割を担っている方です。「有機農業に挑戦する人がもっと増えてほしい」と、広報活動にも積極的に協力しています。

毎日つけているという生産日記を見せてもらったとき、びっしりと解読できない数字が書いてありました。

「うわあ、細かい……」

その記録の緻密さに、思わず声をあげてしまったのです。東大工学部出身の藤嶋さん

右が藤嶋祐美さん。毎日つけているという緻密な栽培記録をもとに、試行錯誤をくりかえしています

旬の時季にとれる野菜を無理なく栽培するという、藤嶋さんの畑

の有機農業へのアプローチは、データをきちんと分析すること。毎日、農作業で疲れて早く休みたいときも、まるで学校の宿題のように、綿密に記録する。それをもとに、次の年はどうすればいいかを考えるのです。

有機に限らず、農業は肉体労働でありながら、頭脳労働でもあります。毎日が実験の連続だと思わざるをえませんでした。

藤嶋さんのこれからの課題をたずねると、「有機野菜の販路の拡大と、作業に見合う価格の設定ですね」と教えてくれました。それは、藤嶋さんだけでなく、すべての有機農業者にとっての課題になっています。

早すぎた有機農業の先駆者

「みなさん有機野菜は安心だ、安全だっていうけど、現実はそう甘くないよ」

たくさんの生産者さんを取材するなかで、農業の難しさ、そして厳しい現実を教えてくれたのは、堀長夫《ながお》さんでした。

堀さんは、ＪＡ野津事業部、「吉四六《きっちょむ》市場生産部会」の元会長さん。会長を務めていた当時、前のページに登場した藤嶋祐美さんは副会長。臼杵でいち早く有機農業に挑戦し、地元の人に買ってもらおうと尽力した方です。

堀さんが有機野菜を売りはじめた10年前は、まだ堆肥工場もなく、いまのような世の中の有機農業への気運も低かった時代。当時、どれだけ困難を強いられたか、ぽつり、ぽつりと話してくれました。

「有機野菜のシール貼《は》っても、なかなか高く売れない。慣行栽培の野菜よりも10円、20円高いだけで、みんな安い方を選ぶんです」

ただ売れないだけでなく、生産がなかなか安定しないというところにも苦労がつきまといました。有機ピーマンの栽培を試みるも、平均収量にはなかなか達しない。その結果、有機肥料と化学肥料の調和が必要だという結論に至ったそうです。

農家さんにも生活があり、それぞれの事情があります。どんなに志が高くても、買ってもらえなければ、子どもたちを食べさせ、家族を養っていくことは難しい。周囲よりも早くに有機農業に挑戦し、志の高さゆえに失望も大きかったことでしょう。有機農業の厳しさ、難しさを思い知らされます。

それでも堀さんは、『100年ごはん』に出てくださいました。堀さんのおかげで、理想論だけではない、臼杵の有機農業の一面を伝えることができたと思っています。

有機カボスで新しい道を切り拓く

「映画？　どうせ撮ったって、使わないんでしょ！」

開口一番、そう言ったのは、「大分有機かぼす農園」の國枝剛《くにえだつよし》さん。地元では「ダンディ國枝」という異名もある、陽気で男前なカボス農家さんです。

「いいえ、取材した方は、1秒でも映画に必ず登場していただきます！」

思わずそう切り返して、撮影に挑みました。「全員登場してもらう」と心には決めていましたが、ここで啖呵《たんか》を切ったために、あとには引けなくなりました。

「大分有機かぼす農園」の収穫風景。ここでは、若手のお弟子さんたちも多く働いています

國枝剛さんの有機カボス。有機 JAS 認証も取得しています

大分県でカボス栽培がはじまったのは、ここ50年ほどのこと。映画を撮影していた当時、有機栽培でカボス栽培に取り組んでいるのは、臼杵では國枝さんだけ。しかも、有機JAS（日本農林規格が認めた有機農産物）の認定も受けています。居酒屋に卸したり、ネット販売もしている先進的な農家さんです。

驚いたのが、國枝さんが育てるカボスは大きくて肌がきれいで、生産が安定していることです。キズがついたものは、果汁を搾ったり、ドレッシングなど加工品にして販売する会社に卸しているのだそう。

見えない苦労は多々あれど、若いお弟子さんも雇い入れて、自分たちが今度進むべき在り方を、しっかり伝えているように見えました。

また、カボスを中心にてがけつつも、アカジソの有機栽培も試みるなど、実験的なことにも意欲的です。

有機農業がうまくいかず、生計を成り立たせる困難さを感じている人々も世の中にはたくさんいます。でも、國枝さんのように、畑の外に広がる世界を見据え、成功している人もいる。

生産者に新しい発想があれば、また新しい道が拓《ひら》けることを知りました。

有機野菜をレストランへ

家族のために、有機農業の道を選んだ方にも出逢いました。

後藤一夫《かずお》さんは、奥様の文子さんが大きな病気を患ったことをきっかけに、慣行農業から有機農業へ転換した農家さんです。

文子さんは、人を楽しくさせるような明るい方。病気ですっかり元気がなくなっていたのが、有機野菜を食べることで体調が良くなったことを実感。それからというもの、一夫さんはすべての農作物を有機でつくることにしたのだそうです。

育てる野菜は、「見た目の華やかさも大切だから」と、色とりどりで多品目、小ロット。テント販売などをおこなうときに、お客さんの目をパッと惹《ひ》くような野菜の生産に取り組んでいます。

多くの生産者さんが後継者不足を嘆くなかで、後藤さんの息子である彦亮《ひろあき》さんは、農業大学で学び、父親と同じ道を歩むことを決意しました。

いまは彦亮さんが主体となって、映画にも登場したコールラビなどの珍しい野菜もつくっています。

大分県内のレストランにも卸しており、後藤さん親子の野菜は引く手あまたなのだそう。ものがよければ、大きさが不揃《ふぞろ》いだったり、欠けていたりしても買ってもらえます。たとえば、しっかり完熟したトマト。一部がちょっとつぶれていたとしても、ソースに使うなら問題ないですよね。

後藤さん親子のように、有機農業へ転換し、新しい販路を切り開くことができた生産者さんもいるのです。

後継者不足に悩む農家が多いなか、親子で有機農業に取り組んでいる後藤さん親子

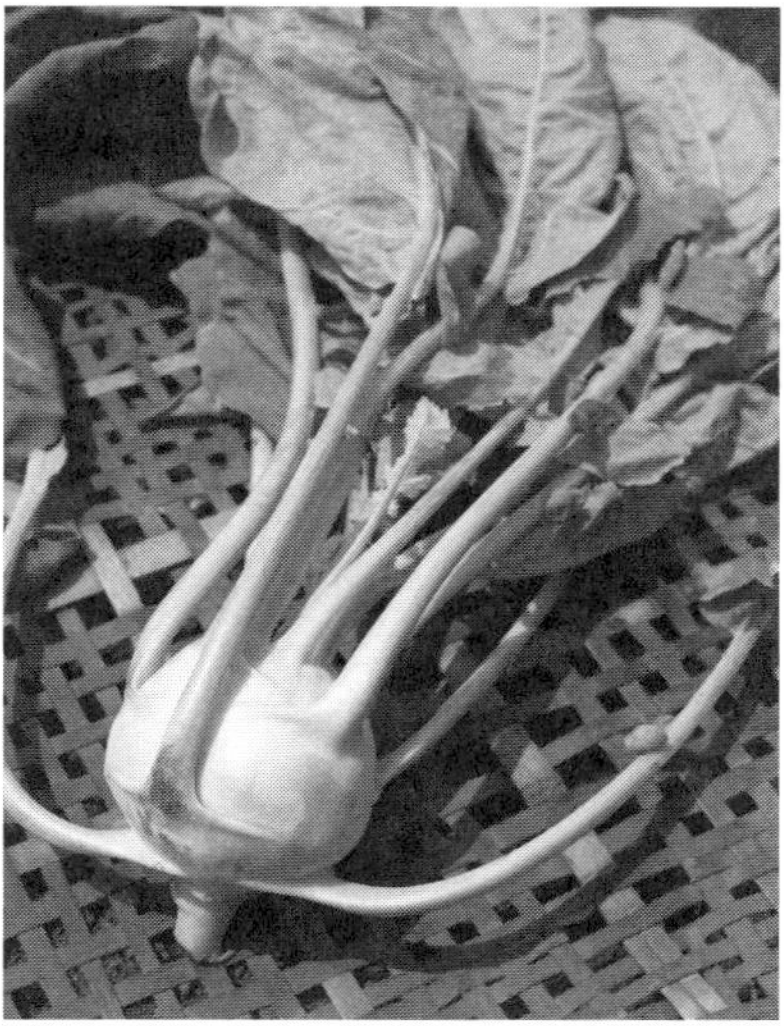

後藤さん親子のコールラビは、みずみずしい茎を食べる野菜。ブロッコリーやキャベツのような甘みがあります

寡黙な生産者の秘めた情熱

それはそれは静かで、美しい時間が流れていました。

生産者さんの多くの撮影は田畑でおこなわれたなかで、「籾殻薫炭《もみがらくんたん》」をつくる作業を見せてくれたのは、甲斐《かい》浩二さん。とても物静かな方で、「撮るんなら撮っていきなさい」と、作業するところをありのまま、見せてくださいました。

甲斐さんは定年をきっかけに有機農業に本格的に取り組み始めて、撮影当時が11年目。殺虫剤を使わなくても、虫が来なくなる方法はないものかと、さまざまな方法を試し、研究してきた方でした。

籾殻薫炭といっても、それがどんなものかわからない人がほとんどでしょう。米を脱穀したあとの籾殻を燻《いぶ》して、真っ黒な炭にしたものです。つくるのにまるまる一夜かかるため、その作業を夜通し撮影させていただいたのです。

カメラの視点を一か所に固定し、籾殻が変化していく過程をずっと撮り続けました。

「籾殻薫炭」を作る甲斐浩二さん

一夜かけて、少しずつ籾殻が黒く染まっていきます。「籾殻薫炭」は、土にすき込むと根の張りが良くなります

山のような籾殻に火を入れると、空が夕闇《ゆうやみ》に埋もれていくように少しずつ炭となっていき、夜が明けるころには漆黒の山に。作業の過程で出る煙を蒸留すると籾酢液《もみさくえき》ができます。その液体を薄めると、虫除けになるのだそうです。

倍率や時期を間違えれば虫は来るし、雨が降ったら次の日にかけ直さなければいけない。でも、できるだけ自然に負担をかけたくない。

哲学者のような雰囲気の甲斐さんは、多くを語ってくれなかったものの、そのことだけはぽつりと教えてくれました。

この撮影を経て気づいたことは、時間をかけてつくった虫除けも、その効果を試せるチャンスはそう多くないのだということ。

「農業は、一年に一度しか試せないことがある。人生のうち30年を農業に捧げても、一生に30回しか試せないということ。改めて、生産者さんたちは大変なことをやっている」

辛抱強く淡々と取り組む甲斐さん。

心に秘める情熱に触れ、そんな思いが湧《わ》き上がってきました。

4年間の撮影と取材で、すぐに打ち解けてなかよくなった生産者さんもいれば、なかなか会話の糸口が見つけられないままの方もいました。甲斐さんもそんなひとりでした。映画の撮影隊が突然やってきたわけですから、さぞ戸惑われたのではないでしょうか。ロケでは常に、みなさんの暮らしをしているところに、「お邪魔して撮らせてもらっている」という気持ちを持って臨んできました。

たとえば畑だったら、まず先に「どこを通っていいですか」と確認します。最初は畑に入らずに遠くから見せてもらい、農家さんが畑の中でどういう動きをするのか、どこになにが植えられていて、どういう経路で小屋に戻るのかをちゃんと把握するというプロセスも大切にしています。当たり前のことなのですが、人は、当たり前のことをおろそかにしがちです。馴《な》れ合わず、常に「原点」に立ち返ることが必要。そのことの積み重ねが、映画を豊かにすると信じています。

私の思いは、『100年ごはん』が完成し、初めて臼杵で試写をやったときに報われました。軽快なエンディング曲が終わり、自然にわき上がった大きな拍手にホッとして、みなさんのお見送りのためロビーに出ようとしたそのとき、真っ先に私のところに飛んできたのが、あの寡黙な甲斐さんだったのです。

「自分がどういう役割を担っているのかがよくわかりました。ありがとう」

そう言って、甲斐さんは私の手を取り、かたい握手をかわしたのです。

思いは言葉の壁を越え、映画となって伝わった――。

この映画はどんな人にでも、どこに暮らす人にでも、余所《よそ》の場所の他人事《ひとごと》ではなく「自分のこと」として観てもらえる。

漠然とではありましたが、そんな確信が生まれた瞬間でした。

第4章

「ほんまもん農産物」の誕生

「『ほんまもん農産物』は、ていねいにつくられた作物を、ちゃんとした価格で消費者に買ってもらうために、生産者さんの意識をうながす画期的な制度なんだ」

——『100年ごはん』〝アナタ〟の言葉より

市が認証する「ほんまもん農産物」

２０１１年に産声をあげた「うすき夢堆肥」。その後、この堆肥でつくられた有機野菜が、少しずつ収穫されるようになっていきました。

多くの生産者たちの不安は、どんなに手間をかけて育てた野菜でも、わずかに10円、20円高いだけで、敬遠されてしまうということ。手間に見合った適正価格であることは、なかなか消費者には伝わりにくいという現状です。いい堆肥でいい野菜をつくっても、買ってもらえないのでは、「有機の里」とは名ばかりになってしまいます。

そこで臼杵《うすき》市は、土づくりと並行し、この堆肥でつくられた野菜の販売をサポートするための仕組みも新しくスタートさせました。

それが「ほんまもん農産物」の認証制度です。

より明確でしっかりした基準をつくって、「この野菜は、基準を守ってつくられているたしかな野菜ですよ」ということを臼杵市が責任をもって認証し、ＰＲを進めていこうということになったのです。

「給食畑の野菜」の規格を満たしているものは、安全で安心な市のブランド野菜として一般向けにも流通していましたが、これを機に「ほんまもん農産物」に改名することになりました。

「緑の〝ほ〟」と「金の〝ほ〟」

では「ほんまもん農産物」とは、どんな野菜が認められるのでしょうか。

認証には、「緑マーク認証」と「金マーク認証」の2種類があります。

いずれも「うすき夢堆肥等の完熟堆肥で土づくりを行い、化学肥料を使わずに栽培した農産物で、臼杵市長が認証したもの」ということが共通条件。

「緑」になるのか、それとも「金」になるのかは、農薬の使用によって異なります。最小限の化学合成農薬を使用しているのが「緑マーク認証」、化学合成農薬を全く使用していないのが「金マーク認証」(有機栽培)です。

店頭で買う人がすぐわかるように、目印として「緑の〝ほ〟」と「金の〝ほ〟」のシールも貼《は》られて販売されています。

現在、「ほんまもん農産物」が購入できるお店は「Aコープのつ店」や「コープうすき」といったスーパー、個人商店など市内8店舗。その他、大分《おおいた》市でも販売されています。

スーパーでは、売り場は小さいけれど、ちゃんと「ほんまもん農産物」用のスペースが確保されるようになりました。こうして販路が広がったことによって、少しずつ制度の認知度も高くなっていったのです。

その様子を見ながら、「ようやく行政と市民の思いが、一体となってきた」という実感がありました。行政のカベに阻まれて、なかなか実現できないことに、風穴を開けたように思えたのです。

「有機JAS」とはどう違う？

「ほんまもん農産物」の認証制度は臼杵市が独自に設けている制度ですが、国にも有機農産物を認証する制度があります。

食品のパッケージなどで、「JAS」という文字が描かれたマークを見たことがあるのではないでしょうか。国の食品に関する表示は、農林水産省の「日本農林規格（JAS規格）」が定めています。たとえば、豆乳のパッケージに「豆乳」と表示する場合、「大豆固形分が8％以上」含まれていなければいけないというきまりになっています。そのような定義が、さまざまな食品について細かく決められています。

有機農産物については「有機JAS規格」があります。レタスを包んでいるビニール袋に「有機JASマーク」がついていれば、その野菜はJAS規格に適合して生産がおこなわれていることを登録認定機関が検査して、ちゃんと認められた生産者がつくったものだということになります。また、包みに「有機レタス」「オーガニックレタス」と表示することも許されます。しかし、この「有機JAS」の認証を受けていない農産物に「有機」や「オーガニック」と表示することは、法律で禁止されています。

「有機ＪＡＳマーク」は、消費者がひと目で有機野菜を見分けることができるという意味では、便利な制度です。

「それなら、基準通りに野菜をつくれば有機ＪＡＳ規格が認定してくれるんじゃないの？」


有機農産物であると国が認めたものに明示される「有機 JAS マーク」。「認定機関名」のところには、国に登録された全国各地の検査機関の名称が入ります

　そう思う人もいるかもしれません。じつは、自分で申請しなければならないのです。

　そして、有機ＪＡＳ規格の認定を得るには、決して安くはない費用がかかります。臼杵市の場合、個人だと初年度は少なくとも５万円はかかってしまいます。以降も毎年、同程度の経費が必要。認定を維持し続けるのも大変です。

　畑と聞くと、広大な土地を思い浮かべてしまうものです。私も撮影をスタートしたばかりのころ

は、「臼杵の農家さんの畑は、小さいところが多いなぁ」と思いました。小さな畑が飛び地のようにあちこちに点在していたり、変形地だったり、農耕機の入らないようなところもあったり。でも、ひとりひとりの農家さんが目配りのきく範囲で、ていねいに手間を惜しまず野菜をつくっていました。

ただでさえ、有機農業は大変な取り組みです。

大規模な農場を持ち、全国に出荷する生産者さんならともかく、臼杵の農業を支えている小さな農家さんにとって、有機JAS規格に認定されるための金銭的な負担は大きすぎるのです。

ですから、臼杵市が「ほんまもん農産物」の認証制度を設けたことは、頑張っている生産者さんたちを支えていくという大きな意味があります。

臼杵のみなさんがつくった野菜は、子どもたちの給食を含め、ほとんどが地元で消費されます。「ほんまもん」は「有機」「オーガニック」とは表示できませんが、「有機JASマーク」と同じように、「ほ」シールを貼ることで、基準をクリアした野菜であることがわかります。「ほんまもん」ブランドが認知されることで、地元の人々にたしかな野菜であることが伝わってきています。

消費者に信頼してもらうために

臼杵市は「ほんまもん農産物」の品質を消費者に信頼してもらうと同時に、ブランドを確固たるものにするために、有機ＪＡＳ規格と同じ、あるいはそれ以上にきちんとした認証制度でなければいけないと考えました。

そこで、審査への協力を依頼したのが、「ＮＰＯ法人おおいた有機農業研究会」の諫《いさ》山《やま》二朗さん。大分の有機農業にとても精通している方です。

農林水産省の有機ＪＡＳ規格も、全国に民間の認定機関がたくさんありますが、諫山さんの研究会は、「有機登録認定機関」と呼ばれる、有機ＪＡＳの審査もおこなっている団体なのです。

認証とひと言で言っても、時間のかかる作業です。

諫山さんが土を触って、野菜の状態や品質を見て、資料とデータを照らし合わせるその様子が、『100年ごはん』にもしっかり映っています。肥料の有機物の有無、肥料を入れているならその有機物は化学的なものかどうか、土壌のバランス……。しっかりとしたヒヤリングをもとに、「ほんまもん農産物」として認証できるかどうかを判断しています。

諫山さんの研究会では、もっと多くの人に『100年ごはん』を観てもらい、同じように実感してもらおうと、継続的に上映会を開催しています。

ときには、私もその上映会に呼んでいただき、監督としてだけでなく、一般の消費者としての目線も交えながら話をさせていただいています。

強く感じているのは、これからはもっともっと、消費者も学ばなければいけないということ。お金を出して買うだけではなく、私たちが食べているものがどうやって生産されているのか、考えてみることからはじめるのも、大切な一歩です。

生産者さんの畑を訪れる、「ＮＰＯ法人おおいた有機農業研究会」の諫山二朗さん

田畑や農産物の状態、栽培記録を入念にチェックし、時間をかけて「ほんまもん農産物」に認証されます

おいしい食べ方を知る

私に有機農業のイロハをたたき込んでくれた赤峰勝人《あかみねかつと》さんが、こう嘆いていました。

「野菜のつくり方を知っていても、食べ方を知らない生産者が多い」

自分のつくっている野菜のおいしさを活かすために、どう料理してよいかわからず、つい調味料に頼ってしまうのだ、と。

「ほんまもん農産物」をどうやって食べたらおいしいのかについても、もっと知ってもらおう。

そう考えて、臼杵市は動きました。有機農業推進室の佐藤一彦《かずひこ》さんが自ら音頭《おんど》を取って、料理教室を開催することにしたのです。場所は市の公民館、教えてくれるのは地元の飲食店の方々です。

映画のために撮影したシーンは、スイーツ教室。

用意された「ほんまもん農産物」は、ラグビーボールのような変わったかたちで、名

臼杵市が開催した「ほんまもん農産物」のスイーツ教室

カボチャクリームをたっぷり巻いたロールケーキ。子どもにも安心してたべさせることができるおやつは、お母さんたちにも大好評

前もちょっとへんてこな「ロロン」というカボチャでした。つくったのは「カボチャのロールケーキ」です。

ロロンは、味は普通のカボチャと大きな差はありませんが、肉質がキメ細かく、ほくほくでなめらか。甘さはあっさりとしているという特徴があります。

見慣れないかたちの野菜は、つい敬遠してしまうもの。でも、この講座を受けた人は「こういう味だったのね」と知って、今度からお店でも手にとることができるでしょう。

さて、そのロロン。蒸してからなめらかにつぶして、カボチャたっぷりのクリームにしました。平たく焼いたケーキ生地にのせて端からくるりと巻けば「カボチャのロールケーキ」のできあがり。ヘルシーな野菜スイーツに、講座に参加した女性たちも試食して口々に「おいしい！」と大盛り上がり。あるお母さんは、「子どもにつくってあげたい」と話してくれました。

子どもが「おいしい」と言ってくれたら、「また、ほんまもんの野菜でつくろうね」となるでしょう。そして、家族みんなのよろこびになっていきます。

おいしいはうれしい。おいしいはたのしい。笑顔は人を結びつけます。

おいしいスイーツを食べながら、「ほんまもん農産物」はどういう取り組みによってつくられているのかを、市民が知る。それによって、取り組みを支持する人や消費者が増えていき、生産者も変わっていく。

人々のひとつひとつの小さなアクションが、どんどん次のアクションにつながって、大きな輪になって――少しずつではありますが、市民も変わってきました。

広がりを見せる野菜の認証・認定制度

地域独自の農産物認証・認定制度を制定しているのは、臼杵市だけではありません。地域の農産物の振興につながるというメリットが大きいことから、いまや多くの都道府県が、「安心・安全」をうたったさまざまな制度を設けており、最近では市町村も力を入れはじめています。ただし、有機農業の認証・認定というものもあれば、地域の実態に即して、慣行《かんこう》農業の基準よりも農薬や化学肥料を減らして栽培されていることへの認証・認定であるケースも多く見られます。

臼杵の取り組みを観てきて思うのは、こういった制度は、シールをつくって野菜に貼るだけではダメだということ。人々に認知して信頼してもらい、価値を理解して買ってもらうには、しっかり生産者を支援し、取り組みについての情報を発信し、時間をかけていかなければいけません。行政の本気が問われるのです。

臼杵市も、2000年の「給食畑の野菜」からスタートし、10年以上の歳月がかかっています。どんなに壮大な夢を描いても、人は霞《かすみ》を食べては生きていけません。生産者さんの生活を考えたら、とても大変な忍耐と努力がいることです。

それでも私が思うのは、「はじめなければ、はじまらない」ということ。行動しなければ、未来は変わりません。

大分県も2005年に「e-naおおいた農産物認証制度」という「環境にやさしい農法によって栽培された安全・安心な農産物」を認証する制度を立ち上げました。ところが、成果が上がらなかったため、制度は見直されることに。今年からは「安心いちばんおおいた産農産物認証制度」という名称で、再スタートをきることになったそうです。

もし、臼杵市レベルの取り組みが県レベルにまで広がったら、それはすばらしいことです。ゆくゆくは、九州にまで広がり、全国へ！

『100年ごはん』の完成が近づくにつれ、この作品は、縦割り行政によりお互いが見えづらくなった地域を横につなぐことで、理解しあえるきっかけになるのではないか。地域で協力しあうネットワークづくりの、お役に立つ映画になるのではないだろうか。そんなことを感じはじめていました。

第5章

リビング・ハーモニー　循環の中で生きる

「有機農業の〝循環〟を考えるうえで、〝森〟は大切な場所。資源だけではなく、思想的にも重要な役割を担っています。考え方の、はじめの一歩はここからでした。だって、ここはすべての動植物が、陽の光や、風や、雨を受けて、支え合ってハーモニーを奏でているでしょう？」

「あぁ、リビング・ハーモニーだね！」

――『100年ごはん』〝ワタシ〟と〝アナタ〟の会話より

単なる食の記録に終わらせたくない

季節は巡り、2013年になりました。映画は、この年の5月末までに完成させるという計画になっていました。長い旅もいよいよ終盤です。

協力していただいたのは、生産者さんたちだけではありません。

「ほんまもん農産物」の野菜を使って、ピクルスやお菓子をつくっている「めぐみ工房」さん。代表の田口鈴江さん（当時）が指揮をとって、臼杵《うすき》のおいしい野菜を広める活動をされています。毎日を充実させながらいきいきと働く姿が目にやきついています。「おへま倶楽部《くらぶ》ふれあい茶屋」では、なかよしのお母さんたち数人が交代制で店に立ち、「ほんまもん農産物」で定食をつくっていました。まず自分たちが楽しみながら作業する。そのことが結果、長続きする秘訣《ひけつ》だそう。新鮮な野菜のおいしさが評判を呼び、お店が開いているときは毎日来るという常連さんも！

臼杵市を飛び出して、お隣の佐伯市《さえき》にもお邪魔しました。「ほんまもん農産物」の料理を提供するレストラン「カナール」。こちらの黒木保シェフは、「ほんまもん」のカボスを使ったソースを考案し、県内数か所のお店で販売しています。

「ほんまもん」野菜の旅立ちとともに、ここでは紹介しきれないほど、さまざまなところへ足を運び、たくさんの人にお会いし、お話を伺い、撮り続けてきました。そしてついに、これらの映像をどう編集するのかを考える段階がきたのです。


さて、どうしたものか……。

編集していない状態の映像は、本当にバラバラなまま。120時間の映像とひと口に言っても、わずか1秒ほどのカットもあり、その数は数千カットにも及びました。

編集作業のことを考えて、スタッフとカット表も作りました。いまでも大切に保管しているのですが、カットのメモ書きには苦労させられました。「1：ジャガイモ単体アップ」「2：ジャガイモ複数アップ」「3：ジャガイモ土の中」「4：ジャガイモ土から抜く」ジャガイモ、ジャガイモ、ジャガイモ、ジャガイモ――。

気が遠くなりました。

やっとの思いで映像を整理。でもそれこそジャガイモやニンジン、タマネギといった素材がごろごろと転がっているような状態で、それをシチューにするのか、カレーにするのか。はたまた、細かく刻んでミネストローネにするのか、考えなければいけません。

でも、私はこのとき、すべての材料を並べてみて、迷っていました。

映画には一本の「筋道」が必要です。作品の軸となる哲学がないと成立しません。樹木にたとえれば外からは見えない「根っこ」の部分。そこがしっかりしていないと、観客は映画の中で迷子になってしまいます。とくに『100年ごはん』はドキュメンタリーですから、なぜそのカットとこのカットがつながる意味があるのか、説得力をもたせねばなりません。

そこで閃《ひらめ》いたのが、〝物語をつくる〟ということです。

この映画を観る人が、臼杵の取り組みのことを見知らぬ土地の他人事《ひとごと》じゃない、自分のこととして考えるためには、何か〝物語〟をプラスする必要があると考えたのです。

その物語とは、臼杵の取り組みの思想や哲学を語るもの。作品に物語を丁寧に編み込んでいくことで、決して居丈高な啓蒙《けいもう》にならず、臼杵のメッセージがブレずに伝わるのではないか。

単なる食の記録ではない、そのもっと先にある未来を描くために、映画ならではの表現を手繰《たぐ》り寄せられるのではないか――。

〝ワタシ〟と〝アナタ〟の往復書簡

ある程度、使う映像を洗い出したところで、次は脚本を書く作業です。そこでこの4年間、私の作業を応援し続けてくれていた、パートナーである森泉岳士《もりいずみたけひと》に、脚本を依頼することにしました。唐突に思えるかもしれませんが、彼の職業は漫画家です。私たちはいつもお互いの作品を最初に見てもらい、意見を述べ合う関係を築いています。いちばん身近で、誰《だれ》よりも信頼しています。

漫画家は物語を紡ぐプロフェッショナル。4年間の取材で撮影してきた人物相関図や資料を渡し、作品の演出意図や、トータルイメージを伝えました。

半月ほど経《た》った頃でしょうか、彼は思いも寄らぬ提案をしてくれました。

登場人物が増えたのです！　しかも「男女ふたり」!?

さらに彼は続けました。このふたりが往復書簡をするのだと。

ばらばらな映像の合間に「現在を生きる女性」が、「未来に生きる男性」に手紙を出す。

手紙で時をつなぐと言うのです。

なるほど！　と思いました。

これで私は映画が「できた！」と直感しました。

彼の脚本では、そのふたりの男女にはちゃんと名前がついていました。

そこからは私の出番です。大きなヒントを得たことで、次々とアイディアが浮かび、

そのあとの脚本の肉付けは猛スピードで進みました。

作品に普遍性を保《も》たせることと、観客に「自分ごと」として物語を考えてもらうという目的のために、男女の名前を〝ワタシ〟と〝アナタ〟にしました。

ドキュメンタリーにはナレーションが必要不可欠ですが、読むためだけのナレーター

を雇うのではなく、〝ワタシ〟と〝アナタ〟をちゃんとキャスティングし、演じてもらうことにしました。

名前を消し去ることは一種の賭《か》けでした。なにしろ画面に向かって、「わたしの名前は〝ワタシ〟。冗談みたいだけど、〝ワタシ〟って言います。つまりひとりひとりのアナタの中にいる、それが、〝ワタシ〟です」

「僕の名前は〝アナタ〟。ワタシの中の未来の〝アナタ〟。手紙を書いています、100年前のワタシに……」

――というような台詞《せりふ》で会話が進んでいくのですから、演出によっては、恥ずかしくて観ていられない作品になったことでしょう。

〝ワタシ〟と〝アナタ〟は、この映画に登場するみなさんであり、観ているお客さんでもある。作品の主題について考え、そして教え合いながら進んでいく。それならきっと、登場人物に気持ちを重ね合わせることができる。

『100年ごはん』にはこうして、現代に生きる〝ワタシ〟と、100年後の未来に生きる〝アナタ〟が登場することになりました。

未来に生きる“アナタ”に手紙を綴る、現代に生きる“ワタシ”。その思いは、映画を観る人の思いとも重なって ──

手紙を受け取った“アナタ”もまた、過去から思いを受け継ぎ、未来につなぎたいと考えます

〝ワタシ〟役を演じてくれたのは、女優としてだけでなく、脚本家としても活躍する近衛《このえ》はなさん。〝アナタ〟役は、演出家・俳優である大谷賢治郎さんにお願いしました。

映画に登場する〝ワタシ〟の手紙の一部は、はなさんが〝ワタシ〟の役として実感したことを綴《つづ》ってもらい、そのまま本番に採用しています。

ちなみにはなさんは、自身も畑が趣味で、野菜づくりをおこなっている方。先日、自分で育てた作物を監督に食べていただきたくてと、野菜が送られてきたのですが、荷物を開けてびっくり、そして大笑い！　だって入っていたのは太くて立派な3本のダイコン。まさか女優さんが〝大根〟だなんて！

100年後を見据えてつくられた森

さて、映画の中の〝ワタシ〟と〝アナタ〟は、臼杵の取り組みをどう捉《とら》え、どんな未来を見出していくのか。

そのヒントを教えてくれたのは、撮影の合間に訪れた〝森〟でした。

第2章で私に「映画を撮ってくれませんか」と持ちかけた、臼杵市前市長の後藤國利《くにとし》さん。林業家でもある後藤さんが、大切に育ててきた森に連れていってもらったのです。

それは、撮影の準備が整わず、スケジュールが1日ぽっかりと空いてしまったときのことでした。農業は自然相手の仕事、予定通りに思ったような映像が撮れるとは限らないのです。

臼杵市内を駆け抜けるような忙しい日々が続いていたので、ちょっと気持ちをクールダウンさせるためにも、気分転換がしたくなりました。

後藤さんに連絡して「以前に連れていっていただいた後藤さんの森、もう一度見せてほしいんです」と、お願いしたのです。前回案内して下さったとき、森の中でした深呼吸の気持ちよさが忘れられなかったのです。

「撮休《さつきゆう》」といって、その日はスタッフにも休んでもらう予定でしたが、カメラマンの川上さんが同行することになり、じゃあ……せっかくだからと、撮影機材も持ち込みました。

後藤さんは奥様と一緒に森を案内してくれ、いまの日本の森が抱えている問題について、ていねいに教えてくれました。

１９６０年代ごろまで、日本は植林事業としてひと坪に1本という割合で、杉や檜《ひのき》を植えてきたそうです。それだけぎっしり詰めて植えられると、種を運ぶ鳥たちが入って来られず、地面にも陽が当たらないため、下草が生えません。そうなると、むき出しの土はコンクリートのようにカチコチに硬くなって保水力がなくなり、雨が降ったときに土が流されてしまう。山の土砂崩れは自然災害だと思われていますが、こうした人的要因があって起こることもあるのです。

後藤さんの森は、鳥が降りて来られるように、尾根筋に広葉樹を残していました。だから下草が生えていて、木がのびのびと育っています。でも、このことに気がつくまで50年もかかったのだとか。杉の下に広葉樹が生えている森は、もう日本中から消えてしまいました。この森は全国でも貴重なモデルケースとして、政府の方から全国の植林関係者まで、視察に来られるそうです。しかも、一般的には育つまで200年ほどかかる立派な杉が、この森では80年で育つというから驚きです。

後藤さんが森づくりを始めて半世紀ほど。

葉が広がっている分だけ、根が広がっています。誰もが上にある木ばかりを見ているけれど、土の下の根が命の源。

「……100年単位の仕事ですね」

後藤さんのその言葉にハッとしました。

森づくりだけじゃない、これは臼杵がめざしている農業も同じ。

100年先というのはずいぶん未来の話のようですが、自分の子どもの、そのまた子どもの時代だと考えれば、そう遠くない時代の話です。100年先のことを考えるためには、人が変わってもちゃんと続いていくこと、つなげていくことが大切。

結局、映画に使うことなどまったく考えていなかった森の映像、そして後藤さんの言葉は、私の心の深いところに根を張り、映画の方向性を導く重要なシーンとなりました。

雨は大地を潤して、川や海となり、水蒸気になり、また雨を降らす雲になる。そして潤った大地は植物を育み、動物や人間に食べられ、糞《ふん》となりまた大地へ還《かえ》り、新しい生命《いのち》を育む……。

人間が生まれる前から生けるものはすべて、無駄な命はひとつとしてなく、自然の中で調和している。

だから、人間の身勝手な都合でコントロールされてしまったら、自然はひとたまりもないでしょう。

つらつらとそんなことを考えながら、森の空気をいまいちど吸い込み、木々の合間にきらめく空を見上げました。森にとって陽射しはご馳走《ちそう》だなぁ！

そのときでした、ふいにひとつのフレーズを思い出したのです。それはマレーシアのジャングルではじめて聞いた言葉。

「リビング・ハーモニー」

臼杵市前市長の後藤國利さんの原点は、自身がつくってきた森

のびのびと育つスギの木を見上げる後藤さん。太陽の光が射しこむ森では下草が生い繁っています

ハーモニーを奏でて生きている

リビング・ハーモニー。

臼杵の森の中で、私の頭の中に降ってきたその言葉。

それは2010年の春、マレーシアを訪れたときのことでした。

マレーシアには世界最古のジャングルがあります。タマンネガラ国立公園です。1億3千万年前の姿が続いているそうです。世界最大の花ラフレシアが生えているのもマレーシアで、そこにしかいない昆虫や動植物が見られると聞きました。仕事の合間ということもあり、タマンネガラまでは行けませんでしたが、そこから数十キロメートルに位置するキャメロンハイランドのネイチャーガイドさんに、ジャングルの中を6時間ほどかけて歩くというプライベートツアーをお願いしたのです。

折り返し地点を少し過ぎたとき、薄暗いジャングルに陽がパーッと射した瞬間がありました。ざわめく木々の隙間《すきま》からまぶしく光の筋がこぼれて、緑と茶色の美しいグラデーションになっていました。

見上げると、木々の葉がハラハラと風に舞っています。それが地面に落ちて重なって、そこに実も落ちてくる。葉は土になり、実は再び木となる……。

ネイチャーガイドさんが私を見て、こう言いました。

「このジャングル全体が、リビング・ハーモニー（Living in harmony）なんだよ」

生きとし生けるもの、動物の屍《しかばね》さえも地球の栄養になって、すべての命はぐるっとつながっている。この〝循環の輪〟の中で、私たちはハーモニーを奏でて生きている。いろんな偶然と奇跡が重なり合っている自然のハーモニー。

360度どこを見渡してもジャングルという中にいて、「リビング・ハーモニー」という言葉を口にしたとき、ああ、自分もこのジャングルの一部分なんだと感じました。マレーシアのジャングルにやってきた日本人は、異物かもしれない。けれども、地球レベルで考えれば、それは微生物レベルにちっぽけなこと。いやむしろ、ちっぽけだからこそ、私も自然とともにハーモニーを奏でたい。そのためにできることは何だろうか……。

みんなつながって、循環している

後藤さんの森にたたずみ、これまで積み重ねてきた撮影と取材を振り返っていました。「自然との共生」をめざし、本気で生産者さんを導き、ともに歩み、支えていくことを決めた臼杵市。自然が持つ本来の力を信じ、昔ながらの農業を取り戻した生産者さんたち。そうやってつくられた野菜のおいしさを知り、買うようになった消費者たち。

それぞれの小さな循環の輪はバラバラに見えて、ちゃんとつながっていて、大きな循環の輪になっている。

これもまた、リビング・ハーモニーです。

〝ワタシ〟と〝アナタ〟が紡ぐ物語が、見えてきました。

映画の中で〝ワタシ〟はノートに「植物、動物、人間、大地」が矢印でぐるりとめぐっている図を描いてこう言います。

「太陽の光で植物は光合成して、二酸化炭素を酸素に変える。動物や人間が生きていられるのは植物のおかげ」

それを聞いた〝アナタ〟は、ニンジンの葉で輪っかをつくって、答えます。

「ぐるっとめぐって、みんなつながっている。循環しているんだね」

映画に出演してくださった人、観てくれた人、この本を読んでくれた人。

みんな、リビング・ハーモニーの一部なのです。

第6章

『100年ごはん』の〝食べる〟上映会

「人の数だけ考え方もいろいろ。人間の身体も私たちが思うほど単純じゃない。だけどなにかをはじめるときは覚悟が必要。臼杵《うすき》はようやく最初の一歩を踏み出したところ。試行錯誤しながらでも考えることが大切。それが生きているってこと」

——『100年ごはん』〝ワタシ〟の言葉より

100年先へ命をつなぐ

ようやく映画の完成まであと少し、というところまでこぎつけました。

「臼杵市土づくりセンター」の建設をきっかけに映画の撮影をスタート。給食センターの取り組み、健全な土で健康な野菜をつくろうと、試行錯誤に余念のない生産者さんたち、その家族。あるいは一瞬たりとも同じ表情を見せることのない田畑、自然の風景。やがて取り組みが実り、個性豊かにみずみずしく育った「ほんまもん農産物」。応援して買うことで、自分たちで未来をつくろうと考えはじめた消費者、おいしく提供しようと技術を磨く飲食業の人々……。

何千とあるジグソーパズルのピースをばらまいたような状態だった映像は、「リビング・ハーモニー」という言葉でつながれ、ひとつの物語になりました。

その物語の案内人は、現代に生きる〝ワタシ〟と、100年後の未来に生きる〝アナタ〟。ふたりが演じるドラマ部分も、ほかの映像と空気感を合わせることで違和感をなくすために、すべてのシーンを臼杵市内で撮影しました。

ロケも無事に終わり、あとは粛々と編集作業を進めていく日々です。

『はじまりの土』『おだやかな未来』『ひみつの土・水のひみつ』『臼杵の本気』『はじめのはじまり』、『たべもののすべて』『臼杵有機食堂』『こどものごはん、おとなのごはん』『給食畑の野菜づくり』『ゆうきすきうすき』――。

これらはなんだと思いますか？　じつは題名候補の一部です。もっとありました。

映画のタイトルだけにあらず、音楽も小説も、タイトルはとても大切。その後の作品の歩み方の、方向性を定めるといっても過言ではありません。そして「一度聞いたら忘れない」よう、意味をもつ音の響きを考えます。唯一無二のオリジナルであることも必要です。まさに親が子どもの名前をつけるくらいの一大事です。

「あーでもない、こーでもない」、どれもおさまりが悪い。決まらないと悶々《もんもん》としていたある日、「未来のごはんってどんなかな？」と空を見上げたときに、ぽーんと自然に降ってきたのが……、

『100年ごはん』。

後藤國利《くにとし》さんは、森づくりを「100年単位の仕事」とおっしゃいました。臼杵の取り組みも同じだと思ったのです。この作品を観て、100年先へと命をつないでいく食とは、農とは何かを考える〝はじめの一歩〟を踏み出してほしい。あるいは、もういちど自分の暮らしや生き方を見つめ、考えてみるきっかけになればいい。

過去から続く昨日までの自分がいて、今日があって明日があって明後日があって、日々の心の糧（ごはん）が幾重にも重なって100年後へ――。

『100年ごはん』というタイトルが、すべての意味をつなぎ合わせてくれました。

あとは地図を頼りに、ひたすら歩みを進めるのみです！

食べることの説得力

120時間の映像を65分の作品に編集する作業は、一生終わりが来ないんじゃないかと思うほどでした。完成までの時間は限られているので、朝、編集室に入ったら、結局、翌朝まで出られないという毎日が続きました。パソコンに取り込んだ映像を並べたり並べ替えたりの繰り返しですが、映画には「これが正解」という着地点があるわけではありません。ひたすら自分の信念と確信に基づいて映像を紡いでいきます。映画が生きるも死ぬも編集が勝負。その重圧たるや凄《すさ》まじいものでした。

編集を請け負ってくれたのは、『100年ごはん』製作会社の力徳新司《りきとくしんじ》さん。覚悟を決めて取りかかってくれましたが、ここまで大変な作業だとは予想しなかったことでしょう。次第にふたりとも口数が少なくなるような日も。そして編集室に缶詰の私たちのお楽しみはといえば、食べることだけ。


そんなときに気分をリフレッシュさせてくれたのが、「ほんまもん農産物」でした。画面に映る野菜の映像のことではありません。臼杵の畑で引っこ抜いてきたばかりの新鮮な野菜です。

無味乾燥な編集室に、みずみずしい野菜がごろごろとある光景は、相当シュールだったと思います。

気がつけば、映像を見ながら、ずっと「ほんまもん」の野菜を口にしていました。

ニンジンのシーンを観て、ニンジンをぽりっとかじる。洗って土を落としただけの生のニンジンです。ダイコンも、そのままスライスするだけ。ちょっとピリッとするから目が覚めるし、気分もすっきり。

「おいしい！」。まさに映画の〝ワタシ〟と気持ちがシンクロした瞬間でした。


編集作業で大切なことは、観客の目になって客観的に観るということです。撮影から編集中も含めて、何十回も同じ映像を観るので、これはなかなか至難の業。だからこそ、映像へのモチベーションを保つことがとても大切。それには、映像を観ながら「ほんまもん」の野菜が食べられるという環境が、意外なほど効果的だったのです。

ずばり、「食べることの説得力って、ものすごく大きいんだ」という単純明快にして、深い真理でした。

疲れすぎた頭と心をほぐしてくれたのは、「食べる」という根源的な行為でした。しかも目の前の画面にはどうやってこの野菜たちが土からつくられているのかが映っている。そして実際に味わう。そうすることで知識が体験として素直に入ってくるし、気持ちがリフレッシュして、充実感で満たされる。なにより元気になる。

「食べること」と「生きること」は、直結しているのです。

新しい上映スタイルを模索して

「どうやって上映していこうか……」

狭い編集室の中で作業しながら、ずっと考え続けていました。

生産者さんが野菜の販路を確立しなければいけないとしたら、私も自分で映画の上映スタイルを確立しなければ――。

映画業界のことを知らないと不思議に聞こえるかもしれませんが、それにはこんな現状があるのです。

母親のお腹の中にいるときから映画の世界にいて、この半世紀にわたり映画界の良いところも悪いところもずっと見てきました。昔はともかく、いまの問題点は、つくった映画を〝映画館で上映する〟ということが、簡単なことのように思えて、一筋縄ではいかないことです。

日本映画の多くは、映画会社でつくられ、宣伝・配給・公開されます。わかりやすい例で言えば「東宝」や「松竹」がその映画会社に当たります。もちろん、すべての映画が映画会社でつくられるわけではありません。なにしろ映画製作には、小規模作品でも数百万から、大規模作品には数億円の製作費がかかるので、むしろいまは作品ごとに「○○製作委員会」をつくり、製作・宣伝・配給・公開をそれぞれ専門の会社に分業して、リスクを減らすことが多いのが現状。映画がフィルムだった時代からデジタル時代に移行することで、小回りの利く小さな製作会社もずいぶん増えました。

さて、『100年ごはん』は、いわゆる映画会社でつくられた映画ではありません。となると、つくったあとの道は、なにも用意されていないわけです。丹誠込めてつくった作物を畑から引っこ抜いて、さあどうしよう？　と途方に暮れている状態です。

映画館の数は限られています（全国総数3364館・2014年12月末「一般社団法人日本映画製作者連盟」調べ）。複数のスクリーン数を持つシネコン（シネマコンプレックス）も全国に増えましたが、そこで上映されるのは、資金力豊富な大手映画会社の作品や、それこそ世界規模で公開されている洋画です。どこの町へ行っても同じ映画ばかり。

でも大勢が一度に『アナと雪の女王』を観て気持ちを共有できるのは、そのおかげです。

ちなみに、一年間にいったい何本の映画が日本で公開されているか知っていますか？

例年若干のばらつきはありますが、近年の統計では年間千本強（同・調べ）。

毎日3本違う映画を観たとしても、追いつかない本数です。映画館では作品の上映期間は短くて一週間。大ヒット作で数か月上映されます。どう考えても計算が合いません。つまり千本のうち、映画館で上映されない作品も多いのです。

『100年ごはん』は宣伝費ゼロ（これもかなり珍しいケースですが……）なので当然、宣伝してくれるスタッフがいません。新聞や雑誌で宣伝するのも、無料ではありません。通常は限られた紙面を買ったり、影響力のある人にコメント料を支払ったりします。テレビスポットなどは夢のまた夢です。作品の上映時間も65分と特殊です。映画館で上映できても、有名な作品の合間の昼間に差し込みで、長くて一週間ほど公開して終わりでしょう。小規模の作品が映画館で上映されるというのは、じつに大変なことなのです。

もちろん映画が好きで、大好きすぎて、人生のほとんどを映画館の暗闇《くらやみ》で映画とともに過ごしてきた私です。だからこそ、この映画は、一方的に映画館で上映して、はい、それで終わり――で、良いのだろうか？　映画を観たいと思って下さる人に、ひとりでも多くの方に届けるにはどうしたらいいのだろうか？　これまでに映画の先人たちが仕掛けてきたあまたある工夫の中で、活かせる知恵はないだろうか。4年の歳月を経て取材させてもらった人たちへの恩返しも含め、あきらめるわけにはいかない。これだけ長い間映画とともに育ち、関わってきたのだから、ただ上映するだけではない、もっと何かいい方法があるはず。

このとき私は、必死で新しい方法を模索していました。

同じ釜の飯を食べるということ

この映画ができる活動ってなんだろう。必死でアイディアを巡らせる中でふと、これまでに観た映画に出てくる食のシーンを思い出していました。

インド映画を観たあとに、カレーを食べに行ったなあ……。

イタリア映画を観て、むしょうにパスタが食べたくなったこともあったっけ……。

誰《だれ》かと一緒に映画を観て、その感想を語り合いながらごはんを食べて……。ごはんを食べながら弾んだ会話って、意外とよく覚えているよね……。

そのとき、編集しながらかじっていたニンジンを見つめて、ハッとしました。もし映画に出てきた「ほんまもん」の野菜が、実際に目の前に出てきたら、どうだろう。いわゆる3D映画のように、バーチャルで飛び出してくるわけではなくて、正真正銘、本物の「ほんまもん」。映画は目と耳からの情報は得られるけれど、味わったり香りをかいだりすることはできない。それなら、実際に、食べることができたらすばらしい体験になるのではないかしら。

それから、その野菜をつくる「うすき夢堆肥」も、実際に触ってみてほしい。この映画に関わる前は、堆肥って「ベチャッとしていて臭いもの」という勝手なイメージだったけれど、はじめて触った「臼杵市土づくりセンター」の堆肥は、手を突っ込むとふかふか。ほんのり温かくて、こうばしいいい香りがしてびっくりした自分の経験を、映画を見終わったお客様にも体感してもらえたら素敵じゃないか……。

映像は視覚・聴覚で事象や物語を伝えるけれど、これに味覚・嗅覚《きゆうかく》・触覚をあわせて、五感をフル活用して体験してほしい。

そうだ、映画をまるごと食べてもらおう、心と身体の栄養にしてもらおう！

一般的な映画の上映時間の主流は、だいたい2時間から2時間半ほど。65分の『100年ごはん』はその半分ちょっと。残りの時間を使い、映画をまるごと食べてもらうというプランの上映会を組み立ててみることにしました。

①映画『100年ごはん』を観る。

②「ほんまもん」野菜をメインに食事を提供、説明を聞きながらみんなでともに味わい、語り合う。

③主催者と一緒に監督である私が登壇してトークセッション。ときにはゲストに専門家をお招きして、食や農についてお話しする。

④「うすき夢堆肥」に触ってもらい、希望者には少しお裾《すそ》分けする。

「①観る＋②食べる＆語り合う＋③聴く＆考える＋④触る」という、4部構成の上映方式にしようと考えたのです。堆肥をお裾分けする意味は、映画を観た人に、「土」をバトン代わりにお持ち帰りいただきたいと考えたからです。

会場を出た瞬間に、日常の忙しさに大切なことが紛れ込んでしまうような、一過性のイベントにはしたくない。『100年ごはん』上映会では、映画に出てくる野菜を食べてもらって、私も話をし、お客さん同士も会話する。そうすることにより、参加者は上映会場を出たあとも、自分ができることを考えられる。そんな上映会が実現できたら、お客さんだけでなく、この作品にとっても、臼杵市の人々にとっても、監督である自分にとっても、全員がハッピーになれるんじゃないか——そう思ったのです。

古い言葉ですが「同じ釜《かま》の飯を食べる」ということは「人と人との絆《きずな》を深くする」と信じています。食は、人を家族にします。

映画を観た直後の頭は、耕したばかりの土みたいにほわほわの状態。そこへ種をまいたら、きっと元気な芽がでるはずです。

こうして、『100年ごはん』らしい新しい上映スタイルは発明されました――。

大切なのは〝箱〟ではなく〝人〟

2013年11月◎大分県大分市《おおいた》「ザ・ブリッジ」「ぶらぼぅファーム」臼杵市「久家《くげ》の大蔵」

上映会への思いを巡らせながら長い編集作業を終え、俳優さんのナレーションを録《と》る作業も済ませました。音楽は、山下康介《こうすけ》さんに全編を通し、優しくて軽やかな、それでいてドラマティックなすばらしい曲をつけていただき、『100年ごはん』が無事完成したのです。撮影、取材に協力していただいた、すべての人々が登場する映画です。

2013年5月31日、ついにお披露目。内覧試写会が行われることになりました。会場には、最初に私を呼び出して「映画を撮ってほしい」と言った臼杵市前市長の後藤國利さんと奥様、いままさに取り組みを推進している現市長の中野五郎さん、副市長の田村和弘《かずひろ》さん、撮影や取材にあたっては労を惜しまず動いてくださった有機農業推進室の佐藤一彦《かずひこ》さん、お世話になった市役所のみなさん。そして4年間の映画製作中、人材を惜しまず派遣してくださったTMエンタテインメントの山崎輝道《てるみち》社長とそのスタッフさんたち総勢20名。緊張の瞬間です。

映画が終わり明かりが点《つ》く――その前に場内に拍手が湧《わ》きました。

いちばんはじめに握手を求めに立ち上がってくださったのは、中野五郎市長でした。

「良い映画をつくってくださいました、臼杵はこんなにも美しかったんですね。この映画で未来像を市民と共有できます。ありがとうございます」

後藤國利前市長もかけよってきてくれました。

「言葉や文章だけでは届かない、臼杵市の取り組みや背景がていねいに描かれています。わかりやすく伝わります。大変なご苦労をかけましたが、お見事!!」

おふたりからの熱のこもった力強い言葉がまず、とてもうれしかった。そして臼杵の人の心に響く作品をこしらえることができた。想像し得る限りの、いや、それ以上の、いちばん幸せな形での出立となりました。そして作品完成はひとつの区切りではありますが、これからが本番。上映活動という新たなる旅がはじまるのです!

中野五郎市長のゴーサインが出たところで、次は7月25日に、臼杵の生産者さんたちのための試写。映画が終わり、みなさんの笑顔にホッとしたのを覚えています。

「まさか自分が映画の登場人物になるとは思わなかった。恥ずかしいけどうれしい」

「臼杵の取り組みをきちんと知ることができました。古里《ふるさと》を誇りに思います」

「生産者の誠意が伝わる。農業をやってきてよかった。孫の代まで宝物になります」

みなさんがいたから映画ができたのです！


そして、ここからは私の「一期一会《いちごいちえ》の〝食べる〟上映会」への挑戦がはじまりました。

「①観る＋②食べる＆語り合う＋③聴く＆考える＋④触る」の組み合わせは基本ですが、②と③は、会場によってすべて違うので「一期一会」。特に「ほんまもん農産物」の野菜料理は、上映会場となるお店や、料理をつくる人の数だけ個性があるのです。

『100年ごはん』の上映にこのスタイルが本当に合っているのか、テストなしの本番一発勝負がはじまりました。まずは映画の地元大分で、食に感度の高いお店に協力してもらい、上映会をやってみることにしました。大分市の「ザ・ブリッジ」、「ぶらぼぅファーム」、臼杵市の「久家の大蔵」の3か所で、続けて上映会を開きました。トークセッションは、「ザ・ブリッジ」で「ほんまもん」ハーモニープレートを考案してくださった、フードアナリストの木村真琴《まこと》さんと、「ぶらぼぅファーム」では主催のファームオーナー、神田京生子《きようこ》さんとおこないました。

「ぶらぼぅファーム」では、お店の石窯《いしがま》でフォカッチャを焼き、「ほんまもん〝金〟」の野菜と小麦でサンドイッチをつくったのですが、『100年ごはん』の上映がきっかけとなり、小麦を栽培している生産者さんから毎月、小麦粉を仕入れるようになったそうです。

生産者さんからは「それまで販路に苦労し、何百キログラムと廃棄したこともあった」という話を聞いていました。上映会後、お店と生産者さんの交流が深まり、今年は倍量の小麦を作付けすることになったそう。うれしいニュースです。

臼杵市の名所でもある「久家の大蔵」は、江戸時代末期に棟上げされた「久家本店」の酒蔵。現在はギャラリーとして使われている場所で、上映会をおこないました。ただしギャラリーなので、料理はつくれません。そこで、ケータリングしてもらうことにしました。撮影開始時から映画を応援してくださっている、市内の老舗《しにせ》料亭「喜楽庵《きらくあん》」にお願いしたのです。板長さんが上映会の意図を汲《く》んでくださり、「ほんまもん農産物」を活かして動物性食材ゼロの、それは透明度の高い、ふくよかな味のするお出汁《だし》のスープが2種。参加者の顔もお腹も満たされたところでトーク。お相手は佐藤一彦さん。映画の製作秘話も飛び出し、映画の古里で、まさにアットホームな会でした。

観てくれたお客さんのリアクションも、予想した以上に大きいものでした。参加者の中には、大分県の県職員の方もいました。「〝食べる〟上映会」がどんなものなのか、「うすき夢堆肥」がどんな堆肥なのか興味を持たれたようです。配ったアンケート用紙は回収率も高く、余白にまでぎっしり、熱のこもったコメントばかり。地元でありながら「臼杵市の取り組みを知らなかった」という人がたくさんいました。

人と人とが語り合い、自分が思っていることを口に出すことで、たとえば「明日のお弁当はちょっと変えてみようかな」というところから、行動も変わるのです。

映画で人が動いた。そして、人を動かすのも人。その思いや願いなのだ——。

そう、この上映会は〝箱〟じゃない、〝人〟ありき。

頭の中で思い描いた「一期一会の〝食べる〟上映会」を実際にやってみて、初めてわかったことでした。

お金をかけて立派な〝箱〟（施設）をつくったものの、それを運営する人、利用する人がいなくて、箱だけ残っちゃってどうしましょう、というパターンが日本の全国各地にたくさんあります。古いモノを壊して新しいモノをつくっても、結局それが機能していない。世の中みんなそうなってしまってきていることに、気づきはじめているのではないでしょうか。そこに足りないのは〝人〟です。

この上映会をおこなう場所も、最初のうちは「映画が観やすいお店か」「何人入れるか」「料理はつくれるか」など、映画館の代わりの会場としての視点で考えていました。でも動き出してみると、すぐにそれは違うということに気づきました。単純に〝箱〟だけあってもしょうがない。むしろ大切なのはこの上映会をやりたいという志をもっている〝人〟。逆に人がいれば、箱なんてどうにでもなるのです。最新の上映機器や、立派な音響設備はなくても、映画を観て、知ってもらうということが大切。夜の野原にシーツを張って、映画は上映できる。それに、それが本来の映画の姿じゃなかった？

大分市のカフェ「ザ・ブリッジ」には、「早く映画を観たい」と、東京からわざわざ、仲のいい３人の友人たちが駆けつけてくれました。そのひとりが、食事のあとに「映画に出てきたものを食べるって、不思議な感じ。どういう気持ちでつくった野菜なのか、この野菜はどういういきさつで来たのか、なんでこの野菜がおいしいのか……。普段の食事では、あまり考えないことに思いを馳《は》せて食べるという不思議さがある」と教えてくれました。友人たちは食の知識もとても豊富で、大切な存在。だからこそ、この“不思議な体験”は単純に誰にとっても興味深く面白いものであるということ、そして、話を聞きながら食べることで映画の深みが増すということに、自信が持てました

カフェ「ザ・ブリッジ」（上）「久家の大蔵」（左）、「ぶらぼぅファーム」（右）での一期一会ごはん

そして、上映を重ねるにつれて、この方向性が間違っていないということをますます実感し、その確信はさらに強いものになっていったのです。

人から人へ、受け継がれるバトン

2014年4月◎東京都目黒区「農民カフェ」

自分が生み出したものに対して、責任をもつ。関わってくれた人みんなに意義があると思ってもらえるように、ちゃんとこの映画を届けていく。大分での上映会を経て、改めてそう決意しました。さあ、いよいよ大分を飛び出して、東京での上映会です！

最初のきっかけをつくってくれたのは、大分市で開催した「ザ・ブリッジ」での上映会を見に来てくれた3人の友人たちでした。それぞれがSNSで大分の上映会を観た感想と共に、「千葉茂《ちぐみ》監督が、東京で上映会を主催したいという人を募集しているそうですよ！」と、どんどん情報を拡散してくれたのです。

真っ先に手を挙げたのは、食いしん坊仲間の清野美智《きよのみち》さん。

福岡県出身ということもあり、以前から同じ九州である臼杵の取り組み、そして私が撮る映画に興味をもってくれていたのです。

美智さんは食べることと人を喜ばせることが大好きで、料理も大得意。ふだんは大手企業で忙しく働いていながらも、オフの時間に、趣味で50人前くらいのケータリングをさらっとこなしてしまうほど。その腕前はプロもうなるくらいです。

サポート役に、実行委員として名乗りを挙げてくれたヨガインストラクターの西林幸《さち》恵《え》さん。西林さんが会場として提案してくれたのが、目黒区の「農民カフェ」でした。

店長の和気優《わきゆう》さんに、「ほんまもん」野菜を使ったワンプレートごはんを依頼しました。ちなみに和気さんは、このとき映画や私と出会ったことで、家族揃《そろ》って臼杵に移住を決めました。映画は、ときに人の運命までも変えてしまう力があるのです。私も、これは気を引き締めねばと覚悟しました。

東京初上映ということもあり、観にきてくれたお客さんの多くは、長く私の映画づくりを見守ってくれていた仲間たち。それぞれが、さらに自分の友人を連れてきてくれて、昼・夜2回の上映で会場のキャパシティを超える70名ほどの人が映画を観てくれました。お客様の中には、永田農法の創始者の長女であり、アグリ・ナガタ代表の永田洋子さんもいらっしゃり、「農業従事者の視点から観ても、高温多湿の日本で有機農業に取り組むことの大変さ、大切さを、この映画は細部まできちんと描いていると思います。応援します」と、有り難いコメントをいただきました。

みなさんも口々に「市をあげての取り組みというのがすごい」「映画の野菜を食べられて、しかもおいしくて感激」「観せたい友人がいるので次は一緒に来ます」と、思い思いの感想を伝えてくださり、大好評のうちに終わりました。

終わったあと、美智さんは私の手を握り、こう話してくれました。

「映画を観て、自分が信じていたことは間違っていなかったと思いました。しかもお客さんたちがみんな『上映会を主催してくれてありがとう』『臼杵の野菜でつくったごはんもおいしかった！』って感謝してくれて。やってよかった、幸せです」

やはり大切なのは〝人〟。大分の上映会にきてくれた友人たちの口コミで、東京での

「農民カフェ」での「ほんまもん“金”」野菜のワンプレートごはん。会場には臼杵市前市長の後藤國利さんや、“アナタ”役の大谷賢治郎《けんじろう》さん、シンガーソングライターの宮武《みやたけ》 希《のぞみ》さんもお祝いに駆け付けてくれ、突然主題歌をアカペラで歌《うた》う一幕に、参加者も拍手喝采《かつさい》！

上映会の開催が盛り上がりました。

人から人へ、受け継がれるバトン。

ここでもちゃんと、循環の輪がつながっています。

そして、この上映会に来てくれたお客さんがこのあと、次々に「上映会を主催したい」と名乗りをあげてくれることになるのです。

小さな輪から大きな輪へ

２０１４年７月◎東京都千代田区「ちよだプラットフォームスクウェア／fune フネ」


『100年ごはん』のバトンを私も受け取ります。ぜひ、上映会をやってみたいんです」

後日、４月におこなった「農民カフェ」の上映会に参加したお客様から、興奮冷めやらぬ声で連絡をいただきました。

主催を希望したのは、全国の生協についての情報を発信する業界紙「コープニュース」編集主幹の、田中陽子さん。全国の生産者とつながりがあり、農林水産省六次産業化プランナーでもある田中さんが、

田中さんが選んだ会場は「ちよだプラットフォームスクウェア」という官民連携で運営されているコワーキングスペースの施設内にあるレストラン fune。日本の食材とお酒にこだわっているお店です。
この日は「ほんまもん“金”」野菜を使ったお惣菜《そうざい》とおむすびのプレート、お味噌《みそ》汁をつくってくださいました。
このころから来てくれるお客さんも料理研究家、マスコミ関係者、自然派化粧品メーカーの方……と少しずつ広がりはじめました

『100年ごはん』は観る人にとって、少し立ち止まって〝食〟を考えてみない？　という問いかけをする映画だと思います。押しつけがましくないやさしい問いかけに、立場は違っても、誰もが立ち止まって考えたくなるところがいい。生産者も消費者も農協も自治体も、じつはみんな〝食べる人〟なわけで、その垣根を越える力が心を動かす。それが感動につながるのだと考えました。映画の主催は初めてのことでしたが、まずはやってみよう！　と思いました」

と、この作品に力強く共感してくれたのは、とてもうれしいことでした。

イベントを実施してきた経験はあるけれど、「映画の上映会は初めて」という田中さんには、強力な助っ人も。農産物の販売やPR、ブランディングなどを手がける「エコバイ」代表の日小田《ひのだ》知彦《ともひこ》さんです。

「通常は農家が自前でつくる堆肥を、行政が負担してくれているのはすごいこと。土から〝地産地消〟です。そしてこの映画は、全国の生産者さんたちの思いの導火線に火をつけてくれる作品。多くの人に観てもらいたいと思っています」

たくさんの生産者さんと向き合ってきた日小田さんは、実感を込めて話します。

そしてこのあと、田中さんと日小田さん、西林幸恵さんは、自らのネットワークを通じて、映画の情報を発信してくれるキーパーソンになるのです。思いに共鳴してくれた人々の小さな輪がつながって、大きな輪になっていきました。

ひとり歩きをはじめた映画

2014年7月◎富山県富山市「フォルツァ総曲輪《そうがわ》」

『100年ごはん』を観てくれた人が、「こんな映画があるよ」と周囲に伝えることで、どんどん映画への問い合わせも増えてきました。宣伝費ゼロの映画にとって、SNSのフェイスブックがなければ、ここまでの拡がりはなかったかもしれません。

富山県で活動するシニア野菜ソムリエの田中美弥《みや》さんも、フェイスブックを通じて「映画を上映したい」と連絡をくれたひとりです。

田中さんは前年、地域に根ざした農産物の大切さを伝える映画『よみがえりのレシピ』の上映に合わせて、「富がえりのレシピ」というプロジェクトを実施。会場は、市街地再生事業をおこなう会社が、地域活性化のために運営している映画館「フォルツァ総曲輪」。今年のプロジェクトの目玉として『100年ごはん』を上映したいという依頼をいただき、1日だけではなく、映画館で1週間にわたって上映がおこなわれました。

田中さんは仲間たちと、映画と連動する食のワークショップを立ち上げました。たとえば、子どもたちに100年前を体感してもらうための「100年前ごはん」ワークショップ。籾殻《もみがら》から脱穀して玄米にした米を炊き、お味噌汁も出汁をとるところからつくり、それを自分の両親に食べてもらうというもの。また、「100年後はこういうカレーが残るんじゃないか」と、レシピを予測して提供する「100年後カレー」というユニークな試みも。食とたのしく向き合うことで、生産者と消費者を結びつけようとされていました。

ちょうどそのころの富山は、いよいよ北陸新幹線が開通し、町がこれからもうひとふんばりしようという大切なとき。一過性のイベントではなく、地元に根差した人たちが活動するきっかけとして『100年ごはん』が存在する――私が思い描いていた理想的な映画のあり方が、この町にありました。

今回は初めて知り合いのまったくいない土地での上映会。よちよち歩きだった映画はここ富山で、立派にひとり歩きをはじめたように思えたのです。

「ほんまもん農産物」を干し野菜で体験

2014年8月◎東京都千代田区「COOK COOP BOOK《クックコープブック》」

4月に開催した「農民カフェ」の上映会に参加したお客さんで、主催者に名乗りをあげてくださった方がもうひとりいました。

干し野菜研究家であり、築地で料理道具屋を営む廣田《ひろた》有希《ゆき》さん。上映会では「この映画を観て、自分の中でもやもやしていたことがクリアになりました」と、大きな瞳をキラキラさせながら、熱く感想を語ってくれました。

ここまでの数か月で、映画はどこでも上映できる、上映できる場所の可能性は、工夫次第でこんなに広がる……と実感していましたが、廣田さんが選んだのは食のイベントにぴったりの会場。「COOK COOP BOOK」という、食の本ばかりを売っている本屋さんを併設したキッチンスタジオです。

この会では、干し野菜ランチを食べてもらうことになりましたが、「新鮮な野菜をドライにする」という発想には、まさに目から鱗《うろこ》でした。

干し野菜は、冷凍でストックしておけるので長期保存可能。調理するときも、野菜の味が濃くなっているので、塩や醤油《しょうゆ》が少量あれば、余分な調味料は必要ない。

デザートにも驚かされました。スライスして干したスイカがそのままの形で出てくるアイスです。9割が水分といわれているスイカが干せるとは⁉ 半生に干して凍らせたものを出してくれたのですが、これこそまさに本当のスイカアイス‼ これまでに体験したことのないアプローチ。参加者一同感心しきりでした。

「ほんまもん農産物」のように、野菜の素性が明確であれば、干すことによって、野菜を皮や茎、芯まで丸ごとおいしく食べきれる。干し野菜料理とは、自然の恵みを最大限に活かす、太陽を味方にしていただく調理法だったのです。

廣田さんは、じつはこんな思いを秘めていました。

「ほんまもん農産物」を干し野菜にしたものを調理したプレート。ドライにすると、水分が抜けることで野菜の細胞が壊れるのでは？　一度干した野菜にどのように味を入れて料理に仕上げていくのだろう？食感のイメージも湧いてきませんでしたが、この通り。
たとえば、ニンジンは太めのフライドポテトを作る感じで棒状に切る。そして晴れの日に干す。干したら「冷凍」する。調理するときは自然解凍して、炒《いた》めるだけで甘い甘いスティックニンジンのできあがり。密度があってむっちり。生で食べるよりも旨みが凝縮されて味が濃く、甘みが深い。何もつけずにそのまま食べられるものばかり。のびのびと育った「ほんまもん」の野菜だからこそです

「もっと深く農業のことを勉強したいと思って、ちょうど農業留学をしようと思いつつも、迷っていて……」そんな葛藤《かっとう》のなかで、出合ったのが『100年ごはん』だったそうです。

もう一度映画を観て、お客さんの喜ぶ顔を見て「迷っていたこと、決断します」と、次なる一歩を踏み出していきました。

ヘアサロンで上映会！

2014年8月◎東京都渋谷区「boy《ボーイ》 Attic《アティック》」

最初はひと月に1度の割合だった上映会も、この頃になると、9月に7回、10月に9回と徐々に活動が増えていき、翌年の予約もいただくようになっていました。

上映会は一期一会。もともと、常に新しい実験をしたい、違う試みを企てたいという信条があります。そんな意味も含め、今回の上映会場はかなり特殊なチャレンジでした。

なんと、美容室です。ここ10年ほど、私が通っているお店で、ヘアスタイリストの茂《も》木《ぎ》正行《まさゆき》さんの哲学が店全体にビシッと漲《みなぎ》っています。私はその考え方が大好き。映画の

映画は、美容室の真っ白な大きい壁をいかして上映。食事は、たしかな舌を持ち、食材の目利きでもあるプロの料理人、阪田博昭《さかたひろあき》さん(「麺《めん》や七彩《しちさい》」)に依頼。臼杵から取り寄せた味噌を映画のテーマである「土」に見立て、天板に敷きつめ、そこにスティック状にした野菜を刺す。野菜を抜きながら食べ、「収穫祭」の悦びを想像してもらいました。
観に来てくれたのは主に美容室の若いお客さんたち。野菜を口にした瞬間「きゃーーー!」「このキュウリやばいっす!」「なにこれ生のダイコン?　甘ーっ‼」と直球の反応。
野菜を頬張りからだ丸ごとで喜んでくれる若い人たちの瞳の中に未来の希望の光を感じました。「若者の食が荒れている」という話もあるけれど、実際は彼らのような若者もいる。こんな素直でまっすぐな反応を知ったら生産者さんたちも頑張れるのに!

撮影中に何度か訪れているうちに、サロンのスタッフも応援してくれ、映画を観るのがたのしみだと話題にしてくれていました。映画も完成し、全国で一期一会の上映会をしているんですと伝えたら、ある日、茂木さんが言うではないですか。

「だったらココでやろう、僕も観たい。スタッフやお客さん、みんなで観よう!」

「オッケー!!」。うれしくて、思わず軽やかに即答している自分がいました。

給食を変えたい! あるお母さんの挑戦

2014年9月◎神奈川県南足柄市《みなみあしがらし》「女性センター」

シアトル近郊でオーガニックな暮らしを提唱している友人が、『100年ごはん』の上映会に合わせて日本に帰国し、その感想をフェイスブックにアップしてくれました。

「畑と直接つながる食卓、子どもたちに手渡す健康と地域の未来。臼杵市の取り組みを記録する『100年ごはん』には、同じ課題に取り組む人々に届く普遍性があります」

海の向こうから発信されたその情報をたまたま目にしたのが、神奈川県南足柄市に住む山木昭佳《あきか》さん。小学生のお子さんがいるお母さんです。映画の上映会は生まれて初めての体験。そんな山木さんが突然、私のもとにメールを送ってきたのです。

「はじめまして、南足柄市で子育てをしながら、学校給食の材料から産地を調べるなど、主婦仲間と地域で食育の推進活動をしています。映画の内容を知り、つながりを直感しました。町で上映を企画したいです。ご相談にのっていただけるとうれしいです」

山木さんはまず、こんなことからはじめました。それは、地元のオーガニックマップをつくるというものです。お母さん仲間がふだん、安心して買い物をしているお店の情報をまとめて地図にしようという計画です。予算ゼロからのスタートなので、会場費や運営費のためにお店に協賛もお願いしました。

一店舗あたり千円の協賛金は、当日映画のチケット代としてお使いいただくということにしました。努力の結果、30店舗以上が協力してくれました。

『100年ごはん』の上映会では、その活動に関わった全員が、どんなことでもいい、自分の新たなる「はじめの一歩」を踏み出すきっかけづくりになってほしい。だから、赤字にならないようにと私は決めていました。

これまでの上映会は、「①観る＋②食べる＆語り合う＋③聴く＆考える＋④触る」がワンセットになっていましたが、今回はそれを全て実現するのは難しいかも……ということで、映画だけを送り出そうと決心しました。私が足を運ばずに上映会を実現させるため、山木さんとはメールで打ち合わせを重ねました。

山木さんは、マップづくりで「仲間と結びつくこと」に成功。ひとりのお母さんの「直感」から動きはじめた行動に、賛同する人がどんどんつながって、自然に輪が広がりました。地道な一歩が地元でも次第に知れ渡り、市民の活動となり、「神奈川新聞」の記事になり、市が会場を提供することになったのです。なんてすばらしいんでしょう！

当日の来場者の中には、小学校の栄養士さん、校長先生、農政課、南足柄をはじめ近隣の小田原、真鶴《まなづる》の市議会議員。そして、市長さんまでもがいらしてくださったそうです。

我が子を初めてひとり旅に出したような上映会でしたが、南足柄のお母さんたちが大切に育ててくださいました。

マップのご縁から地元生産者さんとつながり、上映後は、地元野菜３種とおにぎり２種のオーガニック弁当をいただきながら、お母さんたちとの茶話会も実施。会場でアンケート用紙を配ったら、来場者約150名ほぼ全員の方がびっしりと、熱い感想を書き込んでくださったそうです。それを山木さんがマップと一緒に送ってくれました。その多くには、「臼杵市をめざして、自分たちのできることを考えていきます」と書かれていました。これは生涯の宝物です。

山木さん自身の感想も添えられていました。「映画、何度も涙がでました。同じ日本でこのような取り組みをしている市があるということに、とても勇気づけられました。行政が本気で未来の食や町の在り方を考えていることに感動しました。あきらめてはいけない。自分たちも自分たちの町でできることを探して、みんなでやっていこうと思いました。そして、日本中にこの取り組みが広がれば、未来の日本は、世界で一番素敵な国になっていけると思いました。南足柄で上映会をしたいと感じた私の直感は、間違いがなかったと思いました。ありがとうございます」

ぐるっとつながる上映キャラバンin沖縄《おきなわ》

2014年10~11月◎沖縄県名護《なご》市、国頭郡今帰仁《なきじん》村《そん》、中頭郡北中城村《きたなかぐすくそん》、宜野湾《ぎのわん》市、南城《なんじょう》市、那覇《なは》市の全9か所

「沖縄でも上映会をやりたいんです」

前年に休暇で沖縄を訪れたときに知り合った、那覇市の「cafe プラヌラ」の店主、戌亥《いぬい》近江《ちかえ》さん。

「千葉《ちぐみ》監督のフェイスブックがきっかけでした。正直に告白すると、もともと有機栽培に興味があったわけではありません。けれどつぎつぎと記事にアップされる〝一期一会〟のごはんがとにかくおいしそうで、胃袋を刺激されて……。映画を実際に観たら、自分の住む沖縄でも〝はじまりの一歩〟を踏み出せるかもしれない。そんな気持ちがわきあがり連絡しました」

彼女が『100年ごはん』を上映したいと申し出てくれたときは、まさかこんなに大規模な上映キャラバンになるとは思いませんでした。沖縄には準備も含めて半月ほど滞在し、全9か所もの会場で上映することになったのです。

沖縄上映キャラバンのひとつめの会場「クックハル」では、観客に教育委員会や行政の人、生産者に融資する銀行の担当者、地元農産物の加工業者、生産者が多く、一般の消費者が少ないという異例の上映会でしたが、映画が終わった瞬間に熱い拍手が鳴り響きました。
映画には収穫祭のシーンがあります。野菜を切ったり、炒めたり、煮込んだり、いろんな音がするおいしそうな場面。劇中のジューッという音に合わせたかのように、カフェの奥にあるキッチンからもジューッ‼　この日は「ほんまもん農産物」と「やんばる農産物」のコラボプレート。おいしいごはんを一緒に食べてどんどん笑顔が増えました。
トークは芳野さん、地元の有名畑人《はるさー》・片岡俊也さんと私。質疑応答では「現在、給食に採用されている『ほんまもん農産物』の割合はどのくらいまで増えましたか」などの質問が飛び交いました。

そこで、沖縄での上映を実現するためにチームを結成。以前から上映に興味を持ってくれていた、天然酵母パンの店「宗像堂《むなかた》」店主の宗像誉支夫《よしお》さん・みかさん夫妻と、沖縄上映のウェブサイトデザインを一手に引き受けてくれたデザイナーの菅野亮《かんのりょう》さん、メイキング撮影に槙健《まきたけし》さんも加わり、「『100年ごはん』沖縄実行委員会」が誕生しました。

実行委員長の戊亥さんとお店のスタッフ岡部賢亮《けんすけ》さん、委員の宗像みかさんは、臼杵の取り組みを自分たちの目で確かめた上で、沖縄の人々に伝えていこうと、臼杵へ視察にもきてくれました。「まちづくり」に情熱を燃やす若手の那覇市市議会議員、中村圭《けい》介《すけ》さんも同行しました。臼杵市滞在中は各所を精力的にまわり、上映会で「伝えたいこと」のイメージを立体的に固めていきました。そして、沖縄本島の南から北まで上映会を主催するお店に具体例をあげて説明をし、賛同者を募ったのです。

この『100年ごはん』に一縷《いちる》の望みを託し、上映会をやってくれた方は「やんばる畑人《はるさー》プロジェクト」の代表、名護市在住の芳野《よしの》幸雄《ゆきお》さんです。

各地での一期一会のごはん。上映会もさまざまなスタイルでおこなわれました
（左上）今帰仁村の「カフェこくう」では、みかん箱の上にプロジェクターをのせて上映。子連れのお母さんたちと未来の食について語り合うアットホームな会になりました
（右上）宜野湾市で地元の文化を積極的に発信している「カフェユニゾン」。トークセッションは、オーナーの三枝《みえだ》克之《かつゆき》さん、沖縄の伝統食を伝える「笑味《えみ》の店」の金城笑子さん、臼杵からは前市長の後藤國利さん、有機農業推進室の佐藤一彦さんとおこないました
（左下）北中城村のホテル「EM ウェルネスリゾート　コスタビスタ沖縄」では、「ほんまもん農産物」の料理をビュッフェスタイルで提供。ホテルに材料を持ち込むのは異例なこと！　これも映画の趣旨に賛同してくださったから
（右下）「沖縄男女参画共同センターてぃるる」では、「あめいろ食堂」にお弁当をこしらえてもらったところ、大好評で完売御礼。臼杵から後藤前市長と大塚州章《くにあき》市議会議長が駆けつけてくれました

もともとは東京で12年間、農産物の流通の仕事をしていた芳野さん。農業をなりわいとして生きていこうと、沖縄に移住。研修期間を経て独立したものの、なかなかいい畑が貸してもらえず、収入がほとんどない期間が5年続き、苦労したそうです。

6年前にようやく、新規就農者だけの出荷グループ「沖縄畑人《はるさー》くらぶ」を立ち上げ、生産者と生活者がつながりを持てるカフェ「クックハル」をオープン。移住して13年目を迎えたいまは、耕作放棄地を再生、就農支援もおこなっています。芳野さんは熱い期待を込め、映画をどうしても見てほしい人たちに、自ら声をかけていました。

上映会から数日後、芳野さんは自身のブログで「市役所、市民、生産者、銀行家、教育委員会がつながってみんなで一歩を踏み出さないと循環しない」と書いていました。つながってほしいと思っていた人々に映画を観てもらったことで、「やっと、途切れてしまっていた輪がつながって一本になった」とも。芳野さんの賭《か》けは大成功、まわりの人々に思いが伝わったのです。

（左）「たそかれ珈琲」では色とりどりの野菜のおにぎりと野菜のロースト。「cafe　cello」では「ほんまもん」ショウガのジンジャーエールなどを提供。一体感が生まれ上映会後は参加者同士で熱い対話に
（右）南城市の「さちばるまやー」は画家の梅原 龍《うめはらりゆう》さんのお店。上映会は、その裏手にあるご自宅に30名ほど集まり開催。ガジュマルの樹の前にスクリーンを立て、食事は梅原さんの「男の料理」。世界中を旅してきた梅原さんの特製、世界各国の料理が並びました

戌亥近江さんの「cafe プラヌラ」での上映会は、ツアー最終日でした。食事は、彼女が臼杵で食べておいしいと思ったメニューがずらり。「きらすまめし」や「茶台寿司」など臼杵の郷土料理も！

実行委員長をつとめた戌亥さんはキャラバンを終え、「映画は、100年先においしい安全なごはんを食べるための〝はじまりのはじまり〟を記録した作品で、〝食べること〟をきちんと考えるきっかけをくれました。〝生きることは食べること〟、いろんな人に映画を観てもらって、それぞれの大切な人においしい幸せが届けられますように」と語りました。

彼女はその後、那覇の公設市場近くに「オキナワグロサリー」をオープン。沖縄ならではのおいしい加工品、新鮮な野菜を販売するショップです。上映会でつながった南北の生産者さんとの新しい一歩が踏み出されました。

戌亥さんをはじめ、実行委員会チームとは上映キャラバンで沖縄東西南北、ともに旅をしました。行く先々で何度も何度も、繰り返し映画を観てくれました。

「映画は、観るたびに新しい発見、気づきがあることも驚きでした」

これはチーム全員に共通する感想です。

実行委員を務めてくれた「宗像堂」の宗像誉支夫さんは、「今度は自分が主催しますよ!」と、再上映することを決め、前回から半年も経たず2015年3月、再び沖縄で上映会が実施されました。

ひとりの思いが人に伝わり、仲間となって、さらにまたその輪が暮らしの中に広がり、根付いていく。どうやらまだまだ、沖縄とのご縁は長く、太く紡がれようとしています。

オーガニックアイランドをめざして

2014年11月◎鹿児島県喜界島《かごしまけんきかいしま》「自然休養村管理センター」

奄美《あまみ》群島の北東部にある、人口7千人ほどの喜界島。

『100年ごはん』の上映会のために呼んでいただくまでは、川が一本もない島だということを知りませんでした。サンゴが隆起してできた島のため、土の下はサンゴ。雨が降っても染み込んでしまい、川にならないので、地下にダムがあるそうです。こうやって足を運んでみて初めて、知らなかったことを知る大切さが身に染みます。

喜界島を訪れる機会をつくってくださったのが、自然食品の開発・販売をおこなっている「風と光」代表の辻《つじ》明彦さん。喜界島といえば、特産は黒糖とゴマです。

辻さんは自社商品の産地として喜界島を頻繁に行き来し、オーガニックアイランドをめざして、もっともっと有機農業が発展することを願っています。

「この美しい自然が残された島も、全国の農村部と同様に、若者がどんどん地元を離れていき、人口が減少していきます。ここに生まれ育ったことを誇りに思えるように、魅力的な島にしていかなければなりません」と信念をもっていらっしゃいます。


辻さんの紹介で話はトントン拍子に進み、NPO法人「オーガニックアイランド喜界島」理事長の若松洋介さんと杉俣紘二朗《すぎまたこうじろう》さん、喜禎浩之《きていひろゆき》さんが上映会を開き、私を呼んでくれました。杉俣さんは有機栽培でさとうきびを育てている生産者さん。喜禎さんは地元で最も大きな黒糖焼酎の蔵元「朝日酒造」の5代目です。

上映会に合わせて、地元の生産者さんがマルシェやオーガニックカフェを開催することも決まり、おいしい島ごはんがたくさん並びました。

映画上映の少し前に、喜界町の町長、川島健勇《たてお》さんが挨拶《あいさつ》にいらっしゃったのですが、どうも上映会には消極的なように感じられました。また、用事があるとのことで「すみませんが、映画は観られません」とおっしゃる。それには、この島の事情もあるのだろうと思いました。ところがいくつかの偶然が重なり、町長も映画を観てくださいました。すると――。

映画が終わったあとの町長は、びっくりするくらい柔和な笑顔でした。私にも握手を求めてきて「映画の最後に出てきたマークはさ、映画の中では雨とかお米を表していたけれど、喜界島だとゴマに見えるね」と、チャーミングな感想まで飛び出しました。

後日。私が東京に戻ると、杉俣さんからメールが届きました。

事務所でイベントの事務処理作業をしていたら、町長が顔を出してくれるようになったというではありませんか。「よ！」って顔をのぞかせてお茶を飲みに来たり、たびたび挨拶してくれるようになったり。喜界島で何かが動き始めたことを実感します。

喜界島には川がありません。川がないということは、上で農薬をまけば、農業用水と一緒にぜんぶ島に染み込んでいくわけです。

水は島の人にとっての命。

長い年月をかけて、サンゴで濾過《ろか》され、地下に水が貯められていく。すべての水がそこにむかう。そう考えれば誰もが、農薬など混ざっていない水の方がいいっていうのは頭ではわかっている。

未来の子どもたちのためにも、何かはしたいけれど、何ができるのか。

島の人々は、そういうもやもやした気持ちを持っていると聞きました。いま、自分たちがはじめられることもある。NPO法人「オーガニックアイランド喜界島」は自分たちの活動を通して、町長をはじめとする島の人々に、そのきっかけづくりをしています。

「朝日酒造」の当代である喜禎さんは、ゆくゆくは有機栽培の黒糖で焼酎をつくりたいと思っています。それにはまず、杉俣さんが有機JASの認証を取って、黒糖で認定第一号になること。喜界島の有機黒糖焼酎が評判になれば、島の人々の意識も変化するかもしれません。

上映会後のごはんは、島でとれた野菜を使った、サクナー、パパイヤの天ぷら、薬草スープ、野菜トマトカレー、ソーミンチャンプルー。トークセッションは若松さん（オーガニックアイランド喜界島）、喜禎さん（朝日酒造）、辻さん（「風と光」）と私。喜界島の命の水を考える話から、オーガニックアイランド喜界島計画と、100年単位の取り組みについて広がりのある交流になりました

人口４万人の臼杵にできたのですから、７千人の喜界島は勇気凜々《りんりん》です！

農業は正義や悪で考えるものではない

２０１４年12月◎北海道札幌《さっぽろ》市「北海道大学学術交流会館」他2か所

夢中で全国を飛び回っていたら、ときはすでに師走《しわす》。凜とした寒さの冬の北海道に呼ばれて、３か所で上映会がありました。

大分での上映会から一年がたち、このころになると、食や農に携わる人が評判を聞きつけ、『100年ごはん』のことをすでに知っていて、「ずっと観たいと思っていた」と言われることが増えてきました。

上映会を主催する「NPO法人スローフード・フレンズ北海道」のみなさんも、そういったご縁で結ばれた人々ばかり。今回のきっかけは、メンバーである松田真枝《まさえ》さんが、先に映画を観ていた友人の編集者を通じて興味を持たれ、代表の湯浅《ゆあさ》優子さんに強くすすめてくださったことでした。

そもそも「スローフード」という言葉を聞いたことがあるでしょうか。1986年にファストフードに反対する気運が高まり、地域に伝統的に伝わる食を中心とした文化を尊重しながら、生活の質を向上させようという、イタリアからはじまった運動です。スローフード協会は現在、世界150か国に支部を持ち、その考えは国境を越えて共鳴し合っています。

「スローフード・フレンズ北海道」はそのような考えのもとに集まった生産者から飲食店まで、多くのメンバーで結成されています。年に1回、「テッラ・マードレ北海道」という大きな催しを開き、会の趣旨に合う映画を上映しています。湯浅さんは『100年ごはん』というタイトルを聞いただけで、これだ！　という確信がありました」と話してくれました。それもそのはず、みなさんが活動のテーマとして掲げている「数十年後も、子どもたちとともにきれいな地球で暮らしたい」は、まさにこの映画が伝えていきたいことのひとつなのですから。

上映会の終わりには、学生や生産者たちによるプレゼンテーションもありました。入場とともにジャガイモが配られて、よかったプレゼンにジャガイモを投票するという演出は、さすが北海道！　プレゼンには『100年ごはん』の感想を上手に盛り込んでくれた若者もいて、未来を自分たちの手で作ろうとしている、力強い眼差《まなざ》しに希望の光を見ました。翌昼の会場は「Edite《エディット》」。食に関心の高い若い男性、家族連れで満席に。終わるやいなやすぐに札幌駅から移動。列車に揺られ、帯広《おびひろ》に向かいました。

夜の会場は、帯広駅の目の前にある「とかちプラザ」。ここでの上映会は実は不安がありました。十勝の農業従事者は約6千戸。有機農業者はそのうち26戸だからです。

会場には「有機農業のドキュメンタリー映画」と聞いて、「慣行《かんこう》農業が悪だって言われるんじゃないか」と、そう思いながら観にきた人がほとんど。私自身も、どのようにこの映画が解釈されるのか、強い気持ちで構えていました。ところが、観終わったあとには、大きな拍手。

そのあとのトークセッションに登壇してくれた生産者の尾藤《びとう》光一さんは、「すべての人にとって居場所がある映画だったことに、感銘を受けました」と。有機農業礼賛ではなく、土を見直し、本来の食とは、農とは何かを考えていこうというメッセージが伝わった、と思いました。そして土の専門家でもある尾藤さんはこう続けました。

北海道では３か所で上映会を組むことに。「北海道大学」、フリーペーパーを発行している会社「Edite」、「とかちプラザ」です。北大での上映会にはスローフード・フレンズ北海道のメンバーやその家族、友人知人、生産者さん。あとから聞いた話では、メンバー以外の純粋に映画や講演をたのしみにしていたお客様も多く、主催者でも前売りチケットが手に入らないほど盛況だったとか。「地元学」を教えている民俗研究家の結城登美雄《ゆうきとみお》先生の基調講演も言葉のひとつひとつが頷くことばかりでした。

北海道大学でのお弁当（上）と「Edite」のワンプレートランチ（下）

「有機農業について、堆肥をつくって堆肥を入れれば有機農業だという人もいれば、もっと深く、身体にいい、環境にいい農法を求める人など、進め方は世界中、多種多様です。24年前、24〜25歳の頃、芽室《めむろ》町で近代農業をやってきた父親から畑を引き継ぎましたが、そのとき、土の中からいろんな病害が出てきました。一緒にやっていた仲間たちと『なんか、おかしいね』ということになり、たまたま縁があってつながった、アメリカのブルックサイト研究所から、ひと坪の土の中には見えないけれど10キログラムの微生物が住んでいるということを教わりました。その環境を、近代農業は壊してきたと僕も感じていたので、作物が土から得ているミネラルや肥料分を、環境に悪影響を与えないようにしながら戻していくこと。そして、作物がミネラルやビタミンが豊富な中で育つよう整備していくことをずっとやっています」

ひと坪の土地に10キログラムの微生物。映画にも登場するエピソードです。

「十勝では、100年前には、2万〜3万戸の農家があったと聞いています。そのころは1戸当たり、1反とか1ヘクタールまででしたが、今は1戸当たり40ヘクタールにまでなっています。昔は、馬や牛を飼う有畜農業で、その堆肥を畑にまいてまかなう有機・自

「この映画は、慣行農業が悪で、有機農業が正義だと言わないところがいい」そう言う人はたくさんいます。農業は尊い仕事。悪や正義で判断するような、単純なものではないと思っています。伝えたかったのは、本来の自然の姿に目を向けること、途切れてしまっている循環の輪をつなげていこうということ。
この映画をきっかけに「スローフード・フレンズ北海道」の取り組みがまた一歩、前進することを願っています。
「とかちプラザ」トークセッションの登壇者。右から尾藤光一さん、堀田悠希《ゆうき》さん、伊藤英拓さん、私然農法でした。でも食べていくために規模を大きくし、機械化し、農薬や化学肥料を使ってやっと経営が安定し始めた。そのとたんに、近代農業がバッシングされるようになって……。身体にも良くないしお金もかかるので、使いたくないと思っているのは農家自身なんです」

知識を得て、農業をなりわいとしているいま、見える風景も違います。

登壇してくれた伊藤英拓《ひでひろ》さんは『100年ごはん』を観たことで、「これからやっていかなくちゃいけない方向性がわかりました」と、言葉にしてくれました。

「今までは、モノとお金でつながってきた時代だったと思う。大量生産、大量流通を否定するわけではないが、これからは心の豊かさを増やしていくことが、大事になっていく。映画を通して、ここにいるみなさんとこれからの十勝の一歩を歩んでいけたら、と思っています」

北海道の農業はケタが違うほど大規模なだけに、経営的には組織の力が大きいことは否めません。でも、既存のシステムに左右されない強い生産者になるという道筋も見えたようです。

環境モデル都市になった、水俣《みなまた》のいま

２０１４年12月◎熊本県水俣市「水俣市図書館」

北海道の上映会から数日後、熊本県水俣市に飛びました。

「水俣たべもの映画祭＆たべものマルシェ」で上映したいと、「天の製茶園」の天野浩さんが呼んでくださったのです。

天野さんは標高600メートルの山奥で30年以上にわたって、無農薬・無化学肥料でお茶をつくっている生産者さんです。

〝水俣〟という地名を知らない人はいないでしょう。

大変な公害に苦しんだこの地の人々は、その歴史をふまえて、地道な環境政策に取り組んできました。ゴミの高度分別、独自の環境ＩＳＯ制度。その努力が実を結び、全国で13都市が認定されている「環境モデル都市」のひとつになっています。

ところが、一度広まってしまったイメージから、いまだになかなか脱却できない難しさと対峙していると言います。

「水俣の人々は〝水とゴミとたべもの〟に世界でいちばんと言っていいほど、気をつけ

てきました。これから、もっともっとそのことを深め、広めていく活動をしていきたい」

天野さんはそんな決意のもと、「水俣たべもの映画祭&たべものマルシェ」を開催することにしたのです。

天野さんには、力強い味方もいます。高校時代の同級生、水俣・芦北《あしきた》地域雇用創造協議会の福田大作さんです。「農薬や化学肥料に頼らない、持続可能な農業にシフトしていきたい」という強い志をもって活動しています。

かつて同じ学舎《まなびや》で過ごしたふたりの少年が大人になり、お互いに家族もでき、子どもたちが生きる未来にまで思いを馳せるようになりました。

それこそふたりの立場は「民間」と「行政」。しかし地元を良くしたいという同じ目的のために動こうと思ったら、垣根など邪魔なだけだということを、ふたりの姿から強く感じます。これからに全国各地で、彼らのような存在が増えるといいなと思います。

上映会後のトークセッションには、臼杵から後藤前市長が駆け付けてくださいました。水俣からは、「地元学」を提唱している吉本哲郎さんが参加。

上映会の前夜祭として、地元のシェフたちが腕によりをかけ、地元の人にもっと自分たちの食を知ってもらおうと、水俣のおいしいご馳走《ちそう》が並びました。生産者さんや加工品のブースも出て、消費者が直接質問できるようなコーナーも。

会場には「ほっとはうす」のみなさんも参加してくださいました。「ほっとはうす」とは、胎児性水俣病患者や障がい者が仕事をしながら、水俣病や障がいについて「つたえる」ことを目的につくられた通所施設です。みなさんと雑談していたら、その輪の中に、なんと私の小学校の大先輩がいらっしゃってびっくり！　お互いにがんばりましょうと、奇跡のような邂逅《かいこう》に、固い握手を交わしました。

この交流会では橋渡しをしてくれた日小田《ひのだ》さんも大活躍。福田さんと共に司会を務めてくれました。水俣市の市長の西田弘志さんと私のトークセッションでは、環境と食をテーマに会話が弾みました。こうして、地元の人たちを活気づけて、上映会を盛り上げていったのですおじいさまの代から長く有機農業を実践している天野さんは、実感を込めて言います。

「一緒にこの『100年ごはん』を観ることによって、みんなのモチベーションを上げることができるんです」

じつは、他の上映会でも何人かの方に同じことを言われました。

さまざまな立場の人がみんなで一緒に、同じ空間でひとつの画面を観ることで、それぞれに自分のこととして観られる。そのことによって自分と他人の違いを知り、語り合うことで理解し合う。また、違うことを認め合うことで、新しい知恵や工夫が生まれる。

どうすればみんなで連携して、つながって取り組めるのかというイメージも、映画なら共有することができる。

できないことじゃない。はじめれば、はじまるんだ——。

『100年ごはん』が伝えたいことが、天野さんの思いとも重なっています。

天野さんの「天の製茶園」の紅茶は、日本の和菓子のトップメーカーにも採用されているそうです。厳しい基準で原材料を選ぶことで知られる老舗《しにせ》です。水俣はもう、過去の水俣ではないということが、少しずつ伝わってきている証《あかし》です。

100年という時間軸で考える

2015年1月◎東京都台東区「浅草《あさくさ》神社」

「ぜひ、浅草神社で上映会をやりませんか」

年が明けて2015年。新年のはじめにふさわしい上映会を企画してくれたのは、東京・西蒲田《にしかまた》にある大正15年創業の「丸や呉服店」3代目の谷加奈子さん。

ふだんから着物を着て過ごす谷さんは、古くから伝わる日本の伝統文化を大切にしていきたいという思いを強く持っています。それは何も、伝統文化の話だけではありません。先人が伝えてきた知恵を受け継ぎ、そして未来にも伝えていくことは私たちの責任。

昨年の上映会で『100年ごはん』を観て、自分もこの映画を広く伝えていきたいという思いが湧いてきたと言います。

そんな谷さんに共鳴するように、草の根の活動をおこなっているのが浅草神社。いまの日本で失われつつある大切なものを、次世代に継承していくための〝学びの場〟として、社務所を提供しているというのです。

この上映会では、「ほんまもん農産物」を使った精進《しょうじん》料理を提供することになりました。

じつは谷さんにはずっと、心に温めていた計画がありました。それは驚きの提案でした。神社とお寺のコラボレーションです。

神社とお寺。

不思議な組み合わせのように思うかもしれませんが、明治以前までは神仏習合という考え方のもと、浅草寺《せんそうじ》と浅草神社は切っても切り離せない、深い関係にありました。浅草寺の創建に関わった方々を神様としてお祀《まつ》りしているのが浅草神社なのだそうです。その後、明治時代の神仏分離令で分けられてしまいましたが、浅草寺とのつながりの中で存在する神社であることに変わりはないといいます。

そこで谷さんは当日のお料理を、同じ浅草にある緑泉寺《りょくせんじ》の住職で料理僧《そう》の青江覚峰《かくほう》さんにお願いしました。

上映会の後に「ほんまもん」の野菜を奉納して正式参拝しました。

「神社は“千年”という単位で物事を考えます。ところが、実際に考えてみようと目を閉じてみてもイメージが湧かない。焦点がぼやけるから人にもうまく伝えることができない。行動の原動力にも結びつかない。そう思っていたところで『100 年ごはん』を観ました。そして“100 年”という時間軸の捉え方になるほど、と。100 年単位であればできることがたくさんあると気づいたら、スーッと腑《ふ》に落ちたんです」と宮司の補佐役、禰宜《ねぎ》の矢野幸士《こうじ》さんはこれまでにない視点から『100 年ごはん』に意義を見出してくださいました上映会のあとには、「ほんまもん」の野菜を神様に奉納し、参加者全員で正式参拝。食に感謝をし、静かに自分と向き合う。それぞれに想像する未来の姿。

穏やかな気持ちになったあとは、お楽しみのごはんの時間！

紅白なます、赤ホウレンソウの白和《しらあ》えは、新年にぴったりの、おめでたいきれいな色。ていねいに面取りされたふろふきダイコン、ハクサイと厚揚げの味噌煮は、外の寒さを吹き飛ばす、やさしくて温まるお味。コマツナのおひたし、ポテトサラダといった定番料理もあれば、ホウレンソウやニンジンでこんにゃくをつくりカルパッチョに仕立てるなど、相当に粋《いき》な計らいです。どのお料理も調味料は最低限にしか使っていないのに、味が深くてとってもおいしい。たっぷりつくったのに、気持ちよいくらいきれいにお皿が空になりました。

「精進料理では皮も根もすべてをいただきます。命あるものをいただくので極力捨てずに余すところなく、感謝とともに調理します」と青江さん。

当日は約80名分の料理をつくるために、「ほんまもん」野菜は段ボール7箱も取り寄

青江さんはカリフォルニア州立大学で学び、MBA を取得されているという、異色な住職。“料理をする僧侶《そうりょ》”としても活躍していて、ダライ・ラマ法王来日の際に料理を作るユニット、「料理僧三人衆」のひとりでもあります。食育にも取り組んでいらっしゃって、日本初・お寺発のブラインドレストラン「暗闇ごはん」の代表です。お寺という、私たちにとっては非日常の空間に暗い部屋をつくり、アイマスクをして完全に視覚を奪われた状態で食と向き合う。残された嗅覚、味覚、聴覚、触覚をフル回転させることで、根源的な気づきにいたるといいます。文字通り「神様と仏様」の職に従事されるおふたりに挟まれる形となりました。話を進めながら、人は、表に立つ人や、最後に目立つ人に感謝をしがちだけれども、じつは、そこに到達するまでに関わった人にこそ感謝したい。すべてはつながっているんだという内容に、「ハッ」としました

せたのですが、いわゆる野菜クズが極端に少ないのです。その量は、両手の平に収まるほど。感動でした。

食事のあとは谷さんのナビゲーションにより、浅草神社の禰宜《ねぎ》の矢野幸士さん、青江さん、私とで、悠久の時間の中で上手に時間を紡ぎ、未来へつなげる活動についてのトークになりました。

『100年ごはん』は、臼杵の取り組みを描いていています。その取り組みには関わった人が大勢います。そこに到達するまでには、関わった過去の先人たちから脈々と続く、人の数だけ営みがある。それはさらに遡《さかのぼ》れば臼杵という場の限定を超えて、日本の、世界のどこでも起きうる、普遍的な物語を生んでいく。そこに〝ワタシ〟がいる、〝アナタ〟がいる。

すべてのご縁が循環してハーモニーを奏でている！

浅草神社上映会の「はじめ」と「おわり」には、矢野さんがいつも読み上げているという、食に感謝する「祝詞《のりと》」を唱和しました。

「食前感謝」
たなつもの　百《もも》の木《き》草《ぐさ》も　天照《あまてら》す
日《ひ》の大神《おおかみ》の　恵《めぐみ》えてこそ

「食後感謝」
朝宵《あさよい》に　もの食《く》うごとに　豊《と》受《よ》けの
神の恵みを　思え世の人

「いただきます」「ごちそうさま」。

日本語ってきれい。

過去から伝わるすばらしい表現を、知恵や工夫を未来につなげたい。

いまを生きる〝ワタシ〟から、
未来を生きる〝アナタ〟へ――。

「おわりに」は、新たなる「はじめのはじまり」

ラジオ番組からはじまった、あるお母さんのチャレンジ

２０１５年３月◎大阪府堺市「おうちカフェモモ」「コミュニティーカフェパンゲア」

沖縄のタイフーンfmをひとりのお母さんが聞いていました。ラジオからは……。

「次のゲストは映画『100年ごはん』の監督、大林千茱萸《ちぐみ》さんです。この映画は有機農業を取り巻く食のドキュメンタリー。チラシの写真、ニンジンがおいしそうですねぇ!! 子どもたちの給食にも使われているんですって?」

「映画の舞台は大分県臼杵市です。ニンジン、とてもおいしくて、臼杵の子どもたち、ニンジン嫌いな子はほとんどいなくなりました」

「味覚も育って理想的な食育です、喜ぶお母さんもたくさんいらっしゃるでしょう?」

「じつはこの映画はどなたでも上映できるので、お母さんの主催も多くて……」

――給食の映画？　好き嫌いがなくなるおいしい野菜ってどんな味がするのかな？

大阪府堺市での上映会のはじまりは、大阪に住むひとりのお母さんが、たまたまラジオで、映画を知ってくれたことでした。そして近くのカフェに働きかけ――。

――「第6章」の続きのような「おわりに」を読んで、戸惑われたかもしれません。でもこの本には、おわりがないのです。なぜならば、この本を書いている最中も、私は上映会のために全国各地を飛びまわっていました。沖縄のラジオ番組を聞いた大阪のお母さん主催の会も大成功。参加者数名から主催の希望があり、年内に大阪近郊だけでも5か所の開催が決まりました。

つまり、現在進行形なのです。

臼杵市を訪れ、そこで出逢ったご縁に導かれ、監督として映画をこしらえる。

それが私の旅のはじまりでした。

『100年ごはん』には、いろいろな立場の、さまざまな人が登場します。行政の人々、民間の人々、有機農業に従事する方、慣行農業に従事する方、生産者、消費者――。

ものごとでいちばん大切なのは「はじめの一歩」。百歩分の勇気がつまったその一歩め。そこをしっかり踏み出せれば未来につながる。その一歩めの瞬間に何が起きていたのか。私はその「人々が未来に向けて扉を開く瞬間」を、描きたかった。

映画を観た人がそこから何かを感じ取り、考え、実践につながる原動力にしてくれる。現代は何かと忙しさを理由に、考えることをおざなりにしてしまう傾向にあります。そんな生活の中でいったん立ち止まり、想像力を養い、明日を考えるきっかけにする。この映画をみなさんの暮らしのお役に立ててほしいと願っています。

「5年前までは異端児。でもいまはモデルケース」。

映画に登場する言葉です。たしかに一歩めを踏み出すのは大変。でも大変の先にある希望を感じられる言葉だと思います。

私はといえば、上映会のために日本各地へ映画とともに旅をして、立場も年代も違う人々と友人になり、たくさん語らうことで、物の見方の違いの中にこそ、発見があることに気付かされました。人と人との巡り合わせは思わぬ形で訪れるもの。その出逢いからまた新たな一歩を踏み出すことでご縁は太く編み込まれ、人が、地域が、確かにつながってゆく。

輪のひとつひとつは小さいかもしれない。でもその輪の中に仲間がいるという思いは、なによりも心をあたたかく、強くしてくれます。

そして映画に賛同し、力を貸してくれた人々が各地で結びつきはじめています。皆さんからは、いまも途切れずいろいろな声が届いています。それはたとえば、こんな声。

「多種多様というのが自然の姿です。その自然と共生していくにはどうしたらいいのか？　自然と調和して生きるにはどうすればいいのか？　まず、はじめに何をしたらいいのか？　それを問いかける映画だと感じました」

「農学を学んだ立場から言うと、有機栽培にとって難しいのは土です。草木を中心とした完熟堆肥を供給すれば、ハードルを下げることができ、一般に普及しやすくなります。本来、土のコンディションをつかむまでに相当な年月を必要としますが、この方法なら、はじめの一歩めが挫かれない可能性が高い。失敗に弱い日本人にとって、普及の大きな原動力になること間違いなしです。そして最も大きいのが、行政機関による前例をつくってもらったこと。これが公に上映される映画として存在している役割は大きい。臼杵の一歩が世界に及ぼす影響は計りしれないと思う」

この本は、そんなひとりひとりの《声》にあと押しされてできています。

その声が、各地で志を同じくする人々のあいだに広がり、次第に心の栄養となり、響き合い、未来へ想いをつなぐバトンとなって、みなさんの手から手へと渡されています。

そしていま、バトンは海を渡ろうとしています。映画には英語字幕がつき、この秋にはニューヨークを皮切りに、ワシントン州などでの上映が予定されています。世界各地で同じ課題に取り組む人たちのもとへ、その輪を広げているのです。

『100年ごはん』、第二章のはじまりです！

子どもたちの給食を、地元野菜でまかないたいという、臼杵市の「はじめの一歩」は踏み出されました。いまも進む方向をしっかりと見据えて、着実に進み続けています。チャレンジを確実なものにしながら、二歩め、三歩めへと。

そして本書が、みなさんの「はじめの一歩」、もしくはその何歩めかのひとつとしての役割を担ってくれたならうれしいです。きっとそれは日本全体の未来のことだから。

本を読むことと旅は似ています。そして本を閉じても、『100年ごはん』の旅はまだまだ続きます。本を閉じてからは、あなた自身の物語を旅してください。

「過去」「現在」「未来」は地続きでつながっています。そう、だからこれは「おわりに」ではなく、新たなる「はじめのはじまり」。

どこかの上映会でお逢いしましょう。そして、いっしょにごはんを食べましょう。心とお腹が満たされたら、いっぱいいっしょに語り合いましょう。

未来を生きるあなたに、バトンを渡します。

ヨーイ・スタート!!

〈これまでの上映会の記録〉①開催日②主催者③食事④トーク内容

2013年

「臼杵市中央公民館／視聴覚室」（臼杵市）①5／31②臼杵市③食事なし④第1回完成披露内覧試写（中野市長・田辺副市長・後藤國利前市長ほか臼杵市関係者出席）＋完成報告試写会

「臼杵市民会館／小ホール」（臼杵市）①7／25②臼杵市③「ほんまもん」農産物販売会・食事なし④完成披露内覧試写（映画に登場する生産者向け）＋映画完成報告&御礼講演（司会：佐藤一彦さん・臼杵市役所有機農業推進室室長）

「野津中央公民館／大ホール」（臼杵市）①8／16②臼杵市③「ほんまもん」農産物販売会・食事なし④完成披露内覧試写（映画に登場する生産者向け）＋映画完成報告&御礼講演

「臼杵市民会館／小ホール」（臼杵市）①8／17②臼杵市③「ほんまもん」農産物販売会・食事なし④完成披露内覧試写（臼杵市民向け）＋映画完成報告講演（司会：佐藤一彦さん）

「the bridge（ザ・ブリッジ）」（大分市）①11／22夜、23昼②本田啓さん（ザ・ブリッジ店主）③調味料すべて無添加のワンプレート＋スープ④22日：木村真琴さん（メニュー考案）による料理説明、食べもので身体も心も変わる

23日：監督講演／臼杵の取り組みを市外に伝える。

「久家の大蔵」（臼杵市）①11／24②臼杵市③臼杵老舗料亭「喜楽庵」特製お出汁のスープ2種④佐藤一彦さんと監督との対談、映画制作のいきさつ報告、市民との交流会。

「ぶらぼぅファーム」（大分市）①11／25昼・夜②神田京生子さん（ぶらぼぅファーム店主）③窯焼きパニーニの

特製サンドイッチ、スープほか④昼：会場シェフ・堀米洋さんとの対談、ファームのこと、野菜のこと、食べること。夜：神田京生子さんとの対談、食べること、生きること、未来につながる話。

「久家の酒蔵（満寿屋隣）」（臼杵市）①12／7②臼杵市③「ほんまもん」ショウガの温かい飲物④監督講演（司会：匹田久美子さん）／映画を通して臼杵の取り組みを臼杵市民に知ってもらう。

2014年

「臼杵市民会館／小ホール」（臼杵市）①3／21②臼杵市・オーガニック映画祭③「ほんまもん」農産物販売会・食事なし④佐藤一彦（臼杵市役所）と監督との対談、臼杵の取り組みを映画にするということ。

「Slow cafe 茶蔵」（佐伯市）①3／23昼・夜②染矢弘子さん（茶蔵店主）③昼：オーガニック珈琲と無添加玄米クッキー、夜：10種のおかず、味噌汁、おにぎり④昼：染矢弘子さんと対談、お隣の臼杵市で起きていること、食べること、食事の大切さ、夜：染矢弘子さんと対談、参加者とともに食事をして地域を考える。

「ホルトホール大分市民ホール」（大分市）①3／25②諫山二朗さん（おおいた有機農業推進協議会）③食事なし④佐藤一彦さんと監督との対談ほか、生産者さん、販売店さんのお話。

「農民カフェ」（東京都目黒区）①4／19昼・夜②清野美智さん（会社員）③タケノコ、サツマイモ、フキ、レタスほか野菜プレート、味噌汁④昼：ゲスト臼杵市より前市長・後藤國利さんと対談、主題歌・宮武希さん歌、夜：上映実行委員会・西林幸恵さんとカフェ店主・和気優さんとの対談、ライブ付き。

「名古屋シネマスコーレ（映画館）」（愛知県名古屋市）①5／31〜6月6日興業（1日1回上映）②名古屋シネマスコーレ（支配人）③食事なし④映画のみ。

「ちよだプラットフォームスクウェア／fune（フネ）」（東京都千代田区）①7／12昼・夜②田中陽子さん（「コープニュース」編集主幹）③12種類のおかず、鶏天、味噌汁、おにぎり＋野菜販売会④昼：田中陽子さんと対談、飛び入りゲスト・臼杵市から佐藤一彦さん、夜：田中陽子さんと対談、会場シェフから料理の説明。

「フォルツア総曲輪（映画館）」（富山県富山市）①7／26②田中美弥さん（シニアソムリエ）③「100年前ごはん」「100年後カレー」ほかワークショップ④「昆布おじさん」天満大阪昆布の社長・喜多條さん、若いお母さんらとトークセッション（司会・田中美弥さん）。

「フォルツア総曲輪（映画館）」（富山県富山市）①7／27〜8月1日興業（1日1回上映）②フォルツア総曲輪（支配人）③富山県産農産物・加工品販売会・食事なし④映画のみ。

「COOK COOP BOOK」（東京都千代田区）①8／9②廣田有希さん（干し野菜研究家）③14種類の干し野菜料理、ポテトサラダ、干しスイカアイス④廣田有希さんと対談、健康なお野菜は干すとより栄養価も旨味も強まる。

「boy Attic」（東京都渋谷区）①8／12②茂木正行さん（美容師・美容室オーナー）③黄飯おにぎり、だご汁、煮浸し、畑に見立てた味噌スティック④監督講演後、シェフ阪田博昭さん（麺や七彩店主）と対談。食はどこでどのようにつくられるのか。

「一青窈さん個人宅」（東京都）①8／17②一青窈さん（歌手）③〝旅する臼杵野菜〟をテーマに各国料理（シェフ・清野美智さん）④一青窈さんと対談、有機野菜をテーマに、何を食べて生きるかを考える。

「シネマ5（映画館）」（大分市）①8／19②シネマ5（支配人）③「ほんまもん」野菜のケークサレ2種、モロヘイヤと豆乳のスープ（ケータリング・アリシアキッチン）④支配人。田井肇さんと対談、映画『100年ごはん』が伝えること、その役割、映画の未来〜食の未来へ。

「臼杵市観光交流プラザ」（臼杵市）①8／20②臼杵市③ニンジンとモモのスムージー④佐藤一彦さんと対談、映画制作秘話、臼杵の活動が全国でどう受け止められているか。

「女性センター」（神奈川県南足柄市）①9／7朝・昼8日朝・昼②山木昭佳さん（主婦）③地元野菜3種とおにぎり2種のオーガニック弁当④山木さん（主催者）と地元生産者、お母さんたちとで対話。客席には教育委員会、市長も参加。

「長岡リリックホール」（新潟県長岡市）①9／14・15②長岡映画祭③長岡野菜など地元野菜の販売・食事なし④地元若手生産者2名、地元レストランオーナーと鼎談《ていだん》。新潟大学付属中学校社会創造科生徒のみなさんからの感想発表、15日：監督講演「郷土を育み成熟した食文化を―100年後のアナタにワタシができること」。荒木千賀子さん、鈴木圭介さん（長岡野菜ブランド協会）との鼎談。

「挾間公民館（はさま未来館）」（大分県由布市）①9／21②諌山二朗さん（おおいた有機農業推進協議会）③食事なし④諌山さん、佐藤一彦さんらパネルディスカッション

「広島市まちづくり市民交流プラザ」（広島県広島市）①10／5②「おいしい広島からよみがえるレシピ2014」実行委員会③食事なし④花井綾美さん（シニア野菜ソムリエ）講演「広島の100年ごはんって何だろう？」

「シネマ・ジャック＆ベティ（映画館）」（神奈川県横浜市）①10／12②臼杵市③食事なし④上映のみ。

「Cookhal」（沖縄県名護市）①10／25②芳野幸雄さん（農業生産法人株式会社クックソニア代表取締役）③サトイモとネギとホウレンソウのグラタン、サラダ、自家製天然酵母パンプレート④芳野幸雄さん（主催者）、地元生産者の片岡俊也さんと対話。生産者側から考える農業、地元の販路について。

「カフェこくう」（沖縄県国頭郡今帰仁村）①10／26②熊谷祐介さん・友紀子さん（こくう店主）③クウシンサイ

炒め、サラダ、青菜ごはん、具だくさんおからのお弁当④熊谷祐介さん・友紀子さんと鼎談、ふだんの暮らしの中からはじめる、はじめの1歩は100歩分！

「EMウエルネスリゾート　コスタビスタ沖縄」（沖縄県中頭郡）①10／27②小原俊之さん（EMウエルネスリゾート　コスタビスタGM）③ホテル総料理長・上里良秀シェフにより「ほんまもん」野菜を使ったホテルビュッフェ④大城盛朝さん（新直営農場プロジェクト農場長）と対談。直営農場があるホテルから発信すること、EMでできること。有機農業とは。

「cafe unizon」（沖縄県宜野湾市）①10／28②三枝克之さん（cafe unizon代表）③カボチャの煮物、サトイモと厚揚げの含め煮、サラダ、おにぎりプレート④「笑味の店」金城笑子さん、臼杵市より後藤國利前市長、佐藤一彦さんとトークセッション。沖縄の伝統食から未来を考える。

「さちばるまやー／梅原龍邸」（沖縄県南城市）①10／29②梅原龍さん（画家・さちばるまやーオーナー）③野菜水餃子、菜飯、鶏肉カボス風味、揚げサトイモサラダ④梅原龍さんと対談。『100年ごはん』を通して沖縄から伝えること、芸術の役割。

「沖縄県男女参画共同センターてぃるる」（沖縄県那覇市）①10／30②戊亥近江さん（『100年ごはん』沖縄実行委員長）③シュンギクのアンダンスーおにぎり、柿とコールラビのなます他（お弁当：あめいろ食堂）④『100年ごはん』沖縄実行委員会・戊亥近江さん、臼杵市前市長・後藤國利さん、臼杵市議会議長・大塚州章さんとトークセッション。

「たそかれ珈琲」（沖縄県那覇市）①10／31②久高悠三（たそかれ珈琲店主）③いろいろお野菜のおにぎり、野菜のロースト④臼杵市の取り組みから見えてくることから、自分のできる「初めの一歩」を考える。

「cafe cello」（沖縄県那覇市）①11／1②栄徳篤さん（cafe cello店主）③臼杵ショウガとウコン、シークワーサーのジンジャエール、臼杵ショウガとスパイスのホット豆乳④「土をつくる」ということ、「食べることは生きること」、消費者から農業を考える。

「cafe プラヌラ」（沖縄県那覇市）①11／2②戌亥近江さん（『100年ごはん』沖縄実行委員長・プラヌラ店主）③きらすまめし、合鴨農法米の茶台寿司5種、サトイモのクレマ、ベニイモマッシュ④戌亥近江さんと対談。沖縄9箇所上映を振り返る、官民一体となり全体のボトムアップを考える。

「佐賀県立男女共同参画センター・生涯学習センターアバンセ」（佐賀県佐賀市）①11／9②食と農をつなぐ映画祭③佐賀市産の規格が合わず市場に乗らない野菜たちで作った「もったいない弁当」④講演「100年単位の仕事〝はじめの、はじまり〟」

「喜界島自然休養村管理センター」（鹿児島県大島郡喜界町）①11／16②若松洋介さん・杉俣紘二朗さん・喜禎浩之さん（NPOオーガニックアイランド喜界島）③サクナー、パパイヤの天ぷら、薬草スープ、野菜トマトカレー、ソーミンチャンプルー④喜禎さん、辻明彦さん（風と光代表）と鼎談。100年単位の取り組みから、喜界島の命の水を考える。オーガニックアイランド喜界島計画。

「サロンシネマ2」（広島市中区）①11／22・24・25・27②広島食と農の映画祭③映画館ロビーにてオーガニックマルシェ開催④25日に舞台挨拶、それ以外は映画のみ。

「アララ株式会社」（東京都港区）①11／24②荻野みどりさん（ブラウンシュガーファースト代表）③シュンギク、カブ、サトイモ、サツマイモのココナツオイルディップ添え、「ほんまもん」野菜プレート④荻野みどりさんと対談。「こどもたちの未来につながる食」。

「NEWサロンシネマ」（広島市中区）①11／25②広島食と農の映画祭映画館③ロビーにてオーガニックマルシェ

開催④舞台挨拶。

「NEWサロンシネマ」（広島市中区）①11／27③映画のみ。

「北海道大学学術交流会館」（北海道札幌市）①12／6②スローフード・フレンズ北海道③スローフード・フレンズ北海道生産者による各地でとれた食材のお弁当2種④湯浅優子さん（スローフード・フレンズ北海道リーダー）と対談。『100年ごはん』が生産者に伝えること。映画制作秘話など。

「Edite」（北海道札幌市）①12／7②スローフード・フレンズ北海道③北海道産の海産物、農産物を使ったホットサンドランチ④鈴木秀利さん（アンの店店主）と対談。北海道の生産者の現状と未来。

「とかちプラザ」（北海道帯広市）①12／7②スローフード・フレンズ北海道③食事なし+農家ミュージシャンライブ④地元若手生産者（伊藤英拓さん・尾蒔光一さん・堀田悠希さん）と対話。それぞれの立場からできる〝初めの一歩〟を考える。

「水俣市図書館2Fホール」（熊本県水俣市）①12／13②天野浩さん（天の製茶園）③たべものマルシェ④前夜祭では水俣市長、日小田知彦さん（エコバイ株式会社）と対談。上映会では吉本哲郎さん（地元学ネットワーク主催）、臼杵前市長・後藤國利さん、日小田知彦さんと対話。

「豊田市環境学習施設eco-T」（愛知県豊田市）①12／14②豊田市環境学習塾施設eco-T③三州豚を使ったお弁当／下山のミネアサヒを使ったランチBOX④長田綾さん（料理研究家）、鋤柄雄一さん（トヨタファーム代表）とトークセッション。環境都市から考える食育と未来。

「川西町農村環境改善センター」（山形県東置賜郡川西町）①12／20②川西町③地元野菜を使ったビュッフェ+「ほんまもん」ニンジンスティック④川西町長・原田俊二さん、村岡謙二さん（生産者）、辻明彦さん（風と光代表）

とトークセッション。川西町を有機の里に！

2015年

「浅草神社」（東京都台東区）①1／24 ②谷加奈子さん（呉服店店主）③青江覚峰さん（緑泉寺住職）による「ほんまもん」精進料理 ④矢野幸士さん（浅草神社神職）、青江覚峰さんとトークセッション。食から学ぶ伝統・文化・芸術。未来へ受け継がれてゆくもの。

「ホテルサンバリーアネックス」（大分県別府市）①2／1 ④火の国九州・山口有機農業の祭典ｉｎおおいた食の祭典。映画のみ。

「臼杵市民会館」（大分県臼杵市）①2／13 ②臼杵古里映画学校 ③老舗割烹「喜楽庵」による本膳料理 ④上映主催者例として、水俣市より天野浩さん、佐藤大作さん、日小田知彦さん（エコバイ株式会社）、フリー編集者・大沼聡子さんとトークセッション。

「有機やさいアンの店」（北海道札幌市）①2／1 ②鈴木秀利さん（アンの店店主）③北海道産の有機農産物マルシェ ④先の北海道上映会で親交を深めた「アンの店」店主・鈴木さんの記念祝賀会で上映（映画のみ）。

「＋PlUS―プラスショールーム」（東京都千代田区）①2／25 ②プラス株式会社＋PLUS ③食事なし ④田中陽子さん（「コープニュース」編集主幹）ナビゲートによるトークセッション。100年単位の仕事にかかわるとはどういうことか。現在～未来へ映画を通して食を考える。主題歌・宮武希さんがアカペラで歌う。

「日本大学生物資源科学部富士自然教育センター」（静岡県富士宮市）①3／14 ②富士山麓有機農業推進協議会 ③有機農産物マルシェ ④「ふじのみや有機の映画祭＆講演会２０１５」での上映（映画のみ）。講演会「健康の原点は食から」（医学博士・田中佳さん）あり。

「おうちカフェモモ」（大阪府堺市）①3／14昼・夜②横尾祐子さん（おうちカフェモモ店主）③堺市産野菜プレート、イカナゴのくぎ煮、サツマイモの甘露煮、味噌汁ほか④横尾祐子さんと考える「有機野菜ってなに？」。私たちが一歩を踏み出すと未来は変わる！

「コミュニティーカフェパンゲア」（大阪府堺市）①3／15②湯川まゆみさん（コミュニティーカフェパンゲア店長）③堺市産野菜プレート、ピリ辛こんにゃく、がんもどき、アスパラ・メキャベツ・トマトのサラダほか④湯川まゆみさんとトークセッション。地域の生産者と消費者をどうつなげていけば未来につながる一歩となるのか。

「浦添市産業振興センター結の街」（沖縄県浦添市）①3／22：朝・昼②宗像誉支夫さん（パン職人・宗像堂）③あめいろ食堂、ひとしずく、mofgmona（モフモナ）：選べる3種の「ほんまもん」弁当④戌亥近江さん（沖縄実行委員長・プラヌラ店主）、那覇市議会議員・中村圭介さんと対話。五感で感じる上映会から踏み出すはじめの一歩！

この本の刊行に当たり多くの方々のご協力を得ました。簡単ではありますが、ここに感謝の気持ちをしたためさせていただきます。

臼杵市民のみなさん、臼杵市役所のみなさん、佐藤一彦さん（有機農業監修）。

中野五郎さん、赤峰勝人さん、後藤國利さん。

大橋園子さん、谷口久樹さん、髙橋美加さん、鋒山謙一さん、宗像誉支夫さん、森泉岳土さん。ＳＮＳなどで活動を応援してくださったみなさん。

映画を観てくださったみなさん、映画を主催してくださったみなさん。

映画『100年ごはん』スタッフ＆キャストのみなさん。

そして――、大沼聡子さん（編集協力）、鶴見智佳子さん（筑摩書房）。

心より感謝を。どうもありがとうございました。

ちくまプリマー新書

090
食べるって何？
――食育の原点
原田信男
ヒトは生命をつなぐために「食」を獲得してきた。それは文化を生み、社会を発展させ、人間らしい生き方を創る根本となった。人間性の原点である食について考え直す。

234
「和食」って何？
阿古真理
海外からきた食文化を取り入れることで、日本の食は大きく進化してきた。そのなかで変わらずにいるコアな部分とは何か。私たちの食と暮らしをもう一度見直そう。

185
地域を豊かにする働き方
――被災地復興から見えてきたこと
関満博
大量生産・大量消費・大量廃棄で疲弊した地域社会に、私たちは新しいモデルを作り出せるのか。地域産業の発展に身を捧げ、被災地の現場を渡り歩いた著者が語る。

163
いのちと環境
――人類は生き残れるか
柳澤桂子
生命にとって環境とは何か。地球に人類が存在する意味、果たすべき役割とは何か――。『いのちと放射能』の著者が生命四〇億年の流れから環境の本当の意味を探る。

021
木のことば　森のことば
高田宏
息をのむような美しさと、怪異ともいうべき荒々しさをあわせ持つ森の世界。耳をすますと、生命の息吹が聞こえてくる。さあ、静かなドラマに満ちた自然の中へ。

ちくまプリマー新書237
未来《みらい》へつなぐ食《しょく》のバトン
映画《えいが》『100年《ねん》ごはん』が伝《つた》える農業《のうぎょう》のいま

二〇一五年六月十日　初版第一刷発行

著者　大林千茱萸（おおばやし・ちぐみ）
装幀　クラフト・エヴィング商會
発行者　熊沢敏之
発行所　株式会社筑摩書房
東京都台東区蔵前二－五－三　〒一一一－八七五五
振替〇〇一六〇－八－四一二三
印刷・製本　株式会社精興社

ISBN978-4-480-68941-2 C0261 Printed in Japan

乱丁・落丁本の場合は、左記宛にご送付下さい。
送料小社負担でお取り替えいたします。
ご注文・お問い合わせも左記へお願いします。
〒三三一－八五〇七　さいたま市北区櫛引町二－六〇四
筑摩書房サービスセンター　電話〇四八－六五一－〇〇五三